GOIABA

GESTAO INTEGRADA DE CULTIVO

2ª Edição

1

APRESENTAÇÃO

O Brasil figura, juntamente com Índia e China, como um dos países mais importantes no âmbito mundial da produção de frutas. Tem-se observado incremento da produtividade (kg/ha) das frutas brasileira, que é resultado de pesquisas em diferentes áreas de conhecimento. Dentre elas, destaca-se a de análise de dados e indicação do melhor material genético. Diversas são as literaturas, já publicadas, que descrevem a estatística (básica e aplicada), a genética, o melhoramento e os modelos biométricos. Este livro tem por objetivo apresentar as aplicações de diferentes técnicas biométricas especificamente no melhoramento genético das frutas. Para detalhes sobre informações dos modelos, sugerimos a leitura de artigos originais e obras especializadas.

Neste livro, são abordados temas como: a origem, distribuição geográfica e importância econômica, descritores fenotípicos, natureza dos caracteres agronômicos e aplicações das técnicas biométricas (divergência genética, análise dialélica, herdabilidade, endogamia, repetitividade, índice de seleção, interação genótipos x ambientes, adaptabilidade e estabilidade, no melhoramento genético da goiaba.

INDICE

INTRODUÇÃO

A goiabeira (Psidium guajava L.) é originaria nas regiões tropicais americanas em que aparece vegetando desde o México até o sul do Brasil. É cultivada em todas as regiões tropicais e sub-tropicais do mundo.

Este livro apresenta um conceito de analisar a fruticultura, principalmente o cultivo da goiaba, não procurando transformar, mas apenas auxiliar um novo pensamento de quem trabalha há muitos anos com diferentes cultivos.

O livro tenta descrever as etapas modernas de produção de frutas. Espera-se que os leitores deste livro reflitam e, se possível opinem sobre o momento pelo qual passa o agronegócio. Procura-se apresentar no livro toda a cadeia produtiva da goiaba. Desde oferta de insumos até o consumo.

A cultura da goiabeira foi, por muito tempo, juntamente com a cultura da bananeira, a grande fornecedora de matéria-prima para a indústria de doces. Entretanto, a goiabeira era cultivada em áreas dependentes de chuva, com genótipos desconhecidos que nem sempre produziam frutos com as características desejadas pelo mercado consumidor, fosse ele industrial ou para consumo in natura. Nessas áreas, a tecnologia adotada era rudimentar. Além disso, o ciclo de produção limitava-se a três ou quatro meses, dependendo do período chuvoso. A produção por planta era variável e nunca ultrapassava 20kg ou 30kg por planta/safra.

Considerada uma das frutas preferidas para industrialização na forma de goiabadas, geléias, sucos e atualmente como goiachup (uma calda doce semelhante ao catchup), a goiaba brasileira está crescendo nos comércios interno e externo.

O comércio mundial da goiaba e seus derivados ainda não alcançou uma expansão tão significativa quanto a goiaba, a laranja e a uva. A preferência do mercado internacional é pela goiaba de polpa branca e a produção e o consumo brasileiros estão direcionados para a goiaba de polpa vermelha.

Dados da Associação das Indústrias Processadoras de Frutos Tropicais (ASTN) indicam que é elevado o grau de ociosidade das unidades processadoras nacionais, podendo triplicar o volume processado, acima de 130 mil toneladas por ano. O que sem dúvidas é um grande atrativo para que novos produtores possam entrar na atividade "cultivar goiabeira para indústria".

As exportações estão em torno de 1,3 mil toneladas de frutas frescas. Verifica-se que nos 24 pólos irrigados e produtores de goiaba cerca de 65% da produção nacional é destinada para o consumo in natura e 35% para a produção de doces, compotas, sucos, polpas, etc.

1. IMPORTANCIA DA CULTURA DA GOIABA

A goiaba é uma fruta muito saborosa. Sua produção mundial, em 2017, foi de 114 milhões de toneladas. A expansão da cultura da goiaba em bases tecnológicas, familiares e empresariais modernas tem proporcionado uma elevação do emprego e renda no sistema de cultivo, além da consolidação de modelos de desenvolvimento regional baseado nos polos agrícolas de alta competitividade. Esses polos apresentam considerável organização e permitem a incorporação de modernas técnicas irrigadas no semiárido. Os polos caracterizam-se por uso de tecnologias modernas, como a seleção de variedades, irrigação e fertirrigação, logística para comercialização e infraestrutura de transportes para os principais centros de consumo.

A Producao brasileira de goiaba foi de 460,5 mil toneladas e a mineira 14 mil toneladas, o que representa 8,5% do volume nacional entre 2016 e 2017, a roducao mineira registrou queda de -15,6% e o Estado ocuava a quarta osicao assou a ocuar o sexto lugar no ranking nacional. A área cultivada hoje aroximase de 0,9 mil hectares e a rodutividade media obtida em 2017 foi de 16.112 kh/ha, decréscimo de -14,5%, em relação ao ano anterior. As variedades mais cultivadas sao: Paluma e Pedro Sato.

As produções de goiaba no Brasil, na foto abaixo, são realizadas a sua grande parte pelos estados da Bahia, São

Paulo, Santa Catarina, Pará e Minas Gerais, juntos representam cerca de 63% da produção.

BRASIL (2017)

PRODUÇÃO: 460,5 mil t

Ranking	Região	%
1	Nordeste	46,6
2	Sudeste	45,8
3	Centro-Oeste	2,9
4	Sul	2,8
5	Norte	1,9

4° - CE:
17,7 mil t

2° - PE:
135,5 mil t

3° - BA:
42,1 mil t

5° - JR:
15,1 mil t

1° - SP:
173,9 mil t

No tocante ao desempenho, na foto abaixo, de frutas no Brasil em 2017 a goiaba foi uma das poucas frutas que se destacou. Verificou-se também que não atingiu a escala ótima de produção e as perspectivas de aumento na produção de goiabas são positivas, direcionando o mercado para goiabas de qualidade.

ÁREA (Mil ha)

	2006	2007	2008	2009	2010	2011	2012	2013	2014	2015	2016	2017
Brasil	15,0	15,0	15,6	15,0	15,7	15,9	15,2	15,0	15,8	17,6	17,1	20,2
Minas Gerais	0,8	0,9	0,9	0,8	0,9	1,1	1,0	1,0	0,9	0,9	0,9	0,9

As limitações para essa expansão na produtividade, na foto abaixo, estão custos, que ainda são elevados, além da falta de organização da produção de goiaba, principalmente, em elevados gastos com defensivos para o controle de nematoides que causa prejuízo ao goiabal.

PRODUTIVIDADE (Kg/ha)

	2006	2007	2008	2009	2010	2011	2012	2013	2014	2015	2016	2017
BR	21.910	21.104	19.970	19.842	20.638	21.520	22.763	23.336	22.699	24.103	24.230	22.791
MG	11.678	14.614	15.004	12.549	13.772	14.080	15.513	18.598	16.370	16.267	18.849	16.112

Alternativas como o mercado interno pode ser estudada pelos produtores de goiaba do Brasil, uma vez que há excesso de demanda em determinadas épocas do ano nos estados, completada por fornecimentos de goiabas de outros estados, predominantemente da Bahia e São Paulo.

11

A expansão da produção, na foto abaixo, tem contribuído para o aumento do abastecimento alimentar e a redução da fome no mundo, além da geração de emprego e renda, na medida em que as taxas de crescimento são superiores às do incremento da população mundial. Na década de noventa, a taxa de crescimento médio da produção de goiaba foi 3,8% ao ano, isso é quase três vezes superior à taxa de crescimento da população mundial de 1,3% ao ano.

Este livro pretende apresentar uma nova visão e análise da eficiência econômica da cadeia produtiva da goiaba, levando em consideração o seu potencial para o desenvolvimento da cultura da goiaba.

1.1. ESTRUTURA DO LIVRO E ORIENTAÇAO AOS LEITORES

A estrutura de apresentação deste livro e obedece a cinco fatores básicos de conhecimentos na cadeia produtiva do agronegócio da goiaba, são:

1. O primeiro diz respeito aos fornecedores de Insumos como a disponibilidade de mudas, qualidade das mudas, disponibilidade de fertilizantes e equipamentos;

2. O segundo descreve o sistema de produção as condições edafoclimáticas, cultivo, adequação das variedades, controle de pragas e doenças, tratos culturais e colheita;

3. O terceiro relaciona as diferentes formas de comércio como o varejo e o atacado, configurando a localização do mercado, tamanho do mercado, embalagem, comercialização por associações, cooperativa e/ou individual;

4. O quarto discrimina a área da indústria ou processamento dos frutos como é processado;

5. O quinto descreve o consumo e suas formas de consumo, seja in natura ou processado.

A descrição metodológica da cadeia produtiva apresentada neste livro foi baseada em levantamento de dados estatísticos, consultas a livros, revistas e com opiniões e entrevistas dos principais agentes envolvidos, do produtor ao consumidor, visitas de campo, supermercados, Ceasas e às feiras livres e da produção; identificação dos principais segmentos da cadeia; tabulação de dados; apresentação, confirmação e ampliação das informações e das entrevistas complementares e estudo da dinâmica da cadeia produtiva da goiaba e o enfoque enfatiza a questão da dependência Inter setorial ao longo da cadeia produtiva (Castro et al., 1995 e Zylbersztajn, 2000).

O autor destaca que o valor total das operações ligadas ao complexo agroindustrial brasileiro seguiu as seguintes proporções: 9% "antes da porteira", 19% para a "produção propriamente dita" e 72% "depois da porteira", mostrando a importância do enfoque sistêmico no estudo de cadeias produtivas na fruticultura.

1.2. GESTÃO DA CADEIA PRODUTIVA

Construir juntos uma sistemática e inovadora compreensão do agronegócio brasileiro será uma experiência que, acreditamos, abrirá novas portas para os interessados nos setores institucional e acadêmico que procuram um conhecimento mais detalhado, objetivo e oportuno da agricultura e do mundo rural do País (Buaiani & Batalha, 2007).

O autor ainda afirmam que conhecer os principais entrave e desafios do agronegócio de maneira séria, oportuna e sistêmica permitirá elevar a qualidade de insumos essenciais para a tomada de decisões e a formulação de políticas públicas mais eficientes. O estudo das cadeias produtivas possibilitara o acompanhamento de cada produto desde "dentro da porteira", durante todo seu trânsito por meio da cadeia, até se converter em Commodity de exportação ou produto de consumo final no mercado interno.

O registro e a avaliação desse processo marcam um precedente muito importante no estudo e análise da fruticultura brasileira e as propriedades empresariais nos polos irrigados possuem perceptíveis preocupações com o gerenciamento do processo produtivo, controle de custos e qualidade da mão de obra utilizada no campo.

Verifica-se que não existe uma preocupação explícita com o trabalhador e os principais problemas no cultivo é a altíssima rotatividade da mão de obra, que se vale, com a possibilidade de obter benefícios sociais, como o salário-desemprego, mantendo vínculos empregatícios informais.

A maior parte dos empregados são contratados de forma temporária. Essa mão de obra, normalmente possuidora de baixo grau de escolaridade, vem sendo desenvolvida através de parcerias entre os principais produtores e instituições governamentais e não governamentais, no intuito de garantir uma qualificação mínima, principalmente no que diz respeito aos procedimentos de gestão, sistema produtivo, colheita e pós-colheita. A responsabilidade dessas instituições compreende a contratação de profissionais para oferecimento de cursos específicos sobre técnicas apropriadas à cultura.

Quanto ao planejamento para plantio e escoamento da produção, verifica-se que há preocupação na escolha dessa cultura e das variedades plantadas, já que, como mencionado anteriormente, derivou da necessidade de diversificação da produção frutícola. Nesse sentido, vale ressaltar que praticamente os produtores são empresários, o que significa dizer que possuem preocupações com o equilíbrio financeiro da firma e formas adequadas de gestão da propriedade.

1.3. Ambiente Institucional

Não existe participação do governo e suas instituições no sentido de um direcionamento mais adequado das pesquisas realizadas pelas instituições públicas de suporte técnico para bananicultura apenas existem pesquisas pontuais e a proposta do atual estudo é que sejam realizadas atuações conjuntas entre produtores e pesquisadores/técnicos na sintonia dos trabalhos a serem desenvolvidos.

Em âmbito de comercialização, deve-se destacar que o ICMS não incide sobre os hortifrutigranjeiros e o único imposto relevante é o FUNRURAL, que é gerado pela emissão de notas fiscais por parte das cooperativas.

Para realizar o diagnóstico da cadeia produtiva da goiaba, tomou-se como base o SAI (Sistema Agroindustrial) da goiaba, com a evolução fez-se o desdobramento das relações e originou-se outros fluxogramas apresentados no corpo do livro.

Embora o foco principal desse trabalho tenha sido o setor da bananicultura, considerou-se que um olhar mais específico sobre algumas cadeias produtivas de determinadas frutas contribuiria para a compreensão da dinâmica geral da fruticultura, dos problemas, potencialidades e desafios. As recomendações feitas a partir da análise das cadeias de frutas estudadas nesse livro poderão, em quase todos os casos, serem extrapoladas para as demais.

Os critérios utilizados para a escolha das frutas foram à importância econômica e social para o País e o mundo e as perspectivas de crescimento, tanto no mercado interno como no externo.

1.4. FORNECEDORES DE INSUMOS

O maior desafio, atualmente, é conscientizar o produtor de goiaba da necessidade de adquirirem mudas selecionadas e, de preferência, com certificado de qualidade pelo Ministério da Agricultura - MAPA, a fim de evitar problemas crônicos como doenças do tipo fungicas.

Em plantios irrigados, já têm sido tomadas algumas

precauções, Como aumento da informação sobre técnicas de plantio e controle, principalmente de mudas.

A eficiência dos processos produtivos depende, em grande parte, do aceso a insumos de qualidade, em condições competitivas. O direcionador "insumo" é, portanto, discutido a seguir para as goiabas selecionadas, dentro de cada região.

Verifica-se que os fertilizantes químicos utilizados na produção são adquiridos pelos próprios produtores, em lojas de revenda das diversas regiões produtoras. Os fertilizantes naturais (esterco de animal) são escassos na região de produção e está sendo adquirido em localidades vizinhas, muitas vezes, visibilizando o frete de retorno do veículo que transportou a goiaba de outras regiões.

Os equipamentos de irrigação usados são adquiridos na região ou em regiões vizinhas e caracterizam-se como a principal tecnologia no sistema de cultivo, onde há uma variação no sistema de microaspersão, com adaptações que os tornam menos eficiente.

Nos polos irrigados a questão da água é problemática e bastante discutida entre os produtores, principalmente pelo valor, que representa nos custos de produção final.

A água ofertada é de boa qualidade e em elevada quantidade, porém, tem que se proteger quanto ao excesso da adutora oferecido pelas instituições competentes, que, muitas vezes, a outorga chega a dobrar a oferta fornecida no início do projeto, havendo assim, um superdimensionamento das bombas.

No que diz respeito à tecnologia, comum também entre os produtores, destaca-se o uso frequente de técnicas da fertirrigação – adubo colocado via água de irrigação e, estes são adquiridos sem recomendações das análises de solo e também sem critérios de seleção.

A adoção de critérios no manuseio e classificação dos frutos, tais como observância do prazo ideal de colheita, prevenção de doenças, cuidados com o solo e medição e análise da aparência dos frutos para determinação dos diferentes destinos da produção.

As embalagens usadas nas regiões são as caixas de plástico. O uso dessas embalagens se dá pela facilidade de obtenção e por ser mais higiênica do que as embalagens de madeira, usadas anteriormente para embalar as goiabas, porém, atualmente seria aconselhável o produtor embalar as goiabas em embalagens de papelão com identificação do produto e região.

2. CARACTERIZAÇÃO DO SISTEMA DE PRODUÇÃO.

Este livro levará em consideração a caracterização do sistema de produção com uso tecnológico, desde oferta de insumos e equipamentos até o consumidor, baseando-se no sistema de produção convencional.

As principais regiões produtoras são o Nordeste e o Sudeste, perfazendo uma área de 460,5 mil toneladas, que correspondem a 92% da produção.

Os solos onde se planta goiaba no país são de alta fertilidade natural, mas alguns, entre eles os Vertissolos não permitem o emprego de máquinas em períodos chuvosos.

O clima é diverso vai da região semiárida, com pluviometria média anual de 670 mm, evapotranspiração de 1.760 mm e um déficit hídrico de 1.100 mm, durante nove meses até pluviosidade de 1.800 mm com superávit de 300 mm no Sudeste.

A caracterização do sistema de produção irrigada ou tenrificada representa os plantios mais bem cuidados no Brasil, especificamente nos polos irrigados.

Existem diversos polos de irrigação no Brasil, os principais são: Janaúba/MG, Registro/SP, Distrito de Irrigação do Baixo-Açu (DIBA) e vale do Jaguaribe – CE, além de outros com muita importância para as regiões onde se encontram instalados. Esses projetos de ocupação da área, localizado no em área determinada e, com interferência do Setor Público, que constrói toda infraestrutura de captação e canalização da água e, divide em lotes, selecionando os produtores.

A principal variedade cultivada nos polos irrigados de Minas Gerais e Rio Grande do Norte é do Tipo Pacovan ou Prata. Enquanto, em São Paulo e Santa Catarina plantam goiabas do Tipo Cavendish – Nanica, Nanicão ou Grand Naine e suas variáveis.

O motivo que leva os produtores do Brasil, esecialmente, os de Minas Gerais e ernambuco optar, principalmente pela goiaba Paluma, resultado da facilidade de mercado e o potencial da região para o cultivo dessa cultivare.

A adaptação dessa variedade às regiões é favorável, uma vez que as condições edafoclimáticas satisfazem às necessidades básicas da cultura e a disponibilidade de água, que seria um empecilho natural e, é solucionado com a existência de uma estrutura de irrigação. Contudo, tal especificidade de cultivo vem se tornando um problema na medida em que a produção desse tipo de goiaba encontra, em certos períodos do ano, um excesso de oferta interna, sem que exista a possibilidade de exportação, uma vez que o consumidor internacional tem clara preferência pelas variedades da coloração branca.

Nas propriedades onde o proprietário possui um maior grau de instrução e possuidoras de maior disponibilidade de recursos, pode-se perceber clara preocupação em adequar as técnicas de cultivo e pós-colheita às exigências dos mercados domésticos mais sofisticados, principalmente no que diz respeito às questões fitossanitárias. Nesse sentido, pode ser citado o uso de protetores biodegradáveis para os frutos, marcação de idade dos frutos e a construção de "casas de embalagem", com procedimentos de limpeza, seleção, classificação e embalagem, optando por um diferencial na exigência do consumidor, além do uso de câmaras de resfriamento.

Ressaltar que existe, atualmente, grande temor pela possível chegada dos nematoides, molestia grave, responsável pela eliminação de vários goiabais no Brasil.

O esforço tem sido direcionado a fim de aplicar medidas de precaução, como troca das caixas de madeira (veículos transmissores de esporos) por caixas plásticas (esterilizáveis) ou de papelão (não reutilizáveis) e, principalmente, para a institucionalização de barreiras fitossanitárias, abrangendo os principais produtores.

3. TAXONOMIA E MORFOLOGIA

3.1. TAXONOMIA

A goiabeira pertence à família Myrtaceae, que é composta por mais de 70 gêneros e 2.800 espécies, distribuídas nas regiões tropicais e sub-tropicais do globo, principalmente na América e Austrália. Os gêneros dessa família mais importantes para a produção de frutos são:Eugênia onde se destacam as espécies:

E. jambos L.
(jambo) E. uniflora
L. (pitanga) E. uvalha

Feijoa - espécie importante

F.sellowiana

Berg. (goiaba serrana).

Myrciaria se destaca a Myrciaria spp (Jabuticaba)

Psidium com cerca de 150 espécies, das quais destacam-se:

P. guajava L. (goiaba – 2n = 22)

P. cattleianum Sabine (araçá-de-praia, araçá-doce, araçá-de-coroa)

P. guineense Swartz ou P. araçá Raddali. (araça-verdadeiro).

3.2. MORFOLOGIA

3.2.1. Planta

A goiabeira (Figura 1). é conhecida pelos nomes de araçá-guaçu, araçaíba, araçá-das-almas, araçá-mirim, araçauaçu, araçá-goiaba, goiaba, goiabeira-branca, goiabeira-vermelha, guaiaba, guaiava, guava, guiaba, mepera e pereira. A goiabeira é uma árvore esgalhada, com altura de 3 a 8 metros, com folhas persistentes

Figura 1. Goiabeira.

3.2.2 Folha

As folhas da goiabeira (Figura 2) são opostas, grossas, coriáceas, de coloração verde-amareladas, ligeiramente lustrosas na face superior e pubescentes na inferior. As nervuras são deprimidas na face superior da folha e salientes na face inferior.

Figura 2. Folhas da goiabeira.

3.3.3. Caule

Os ramos, quando novos, são tetrangulares, ligeiramente alados, de coloração verde e finamente pubescentes. Os ramos são redondos, tortuosos, com a casca lisa, glabra, delgada, castanho arroxeado-clara, que se solta em lâminas (Figura 3).

Figura 3. Caule da goiabeira.

3.3.4. Raiz

O sistema radicular da goiabeira apresenta raízes adventícias primárias, que se concentram a uma profundidade de 30 cm do solo. Das raízes adventícias primárias saem as raízes adventícias secundárias, que podem atingir, profundidades até 5 metros (Figura 4).

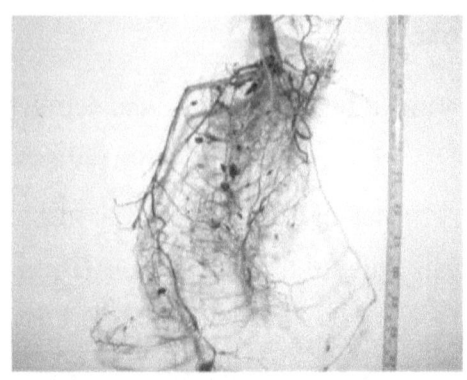

Figura 4. Raiz da goiabeira.

A planta de goiabeira propagada por semente apresenta raiz pivotante, enquanto as mudas propagadas por enraizamento de estaca têm raízes secundárias.

3.3.5. Flor

A inflorescência é do tipo dicásio. O tipo dicásio consiste em apresentar a gema florífera do ramo do ano que desabrocha, trazendo um botão na extremidade do eixo. Este possui na sua base duas brácteas opostas, em cujas axilas surgem dois novos botões florais laterais. Como consequência, as flores da goiabeira apresentam-se isoladas ou em grupos de dois a três, na axila das folhas de ramos em crescimento.

As flores são brancas, pentâmeras, hermafroditas, com quatro ou cinco pétalas; possuem numerosos estames e um único pistilo central, com o cálice persistente (Figura 5) e o ovário plurilocular é formado por cinco carpelos sincarpos.

A polinização cruzada varia de 25,7% a 41,3%, enquanto a autofecundação vai até 60%. Pesquisadores afirmam que é a forma mais frequente de polinização da goiabeira. A abelha doméstica (Apis melífera) é o principal agente polinizador da flor da goiabeira.

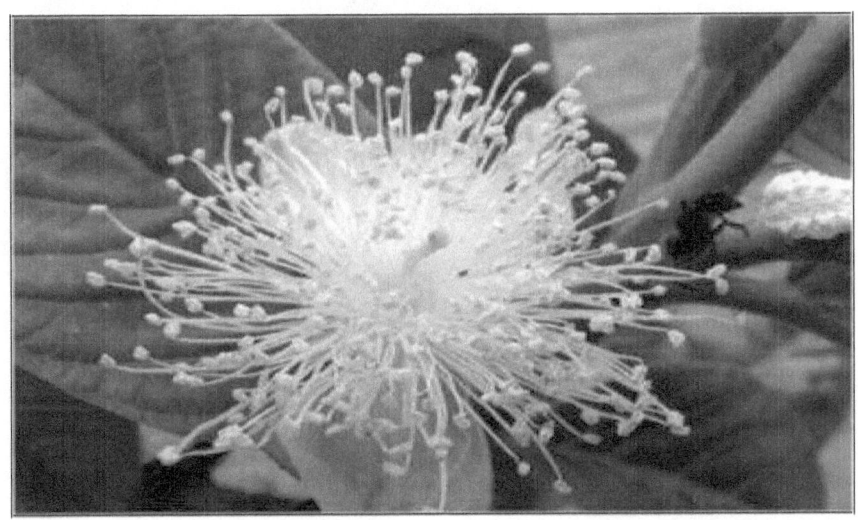

Figura 5. Flor da goiabeira.

3.3.6. Fruto

O fruto é uma baga globosa, de tamanho, forma, aroma, sabor, espessura e coloração da polpa muito variável (Figura 6). Apresenta os lobos calicinais persistentes.

Figura 6. Frutos .

Internamente apresenta um mesocarpo de espessura variável, contendo quatro a cinco lóculos cheios por uma massa de consistência mais fluida, onde se concentra as numerosas sementes.

4. VARIEDADES

Observando o mercado de frutas frescas, verifica-se que este remunera melhor a goiaba de polpa vermelha. Por outro lado, a produção comercial de goiaba da polpa branca deve ser a preferida por apresentarem uma vida pós-olheita bem mais longa e exalarem um perfume discreto, o que as torna mais finas e delicadas.

A maioria das variedades hoje comercializadas, pertencentes aos grupos 1 e 3, foram desenvolvidas pelos próprios produtores. As variedades Paluma, Rica e a Século XXI são resultados do trabalho de pesquisa.

O primeiro grupo tem como origem variedades cultivadas no Brasil como a Comum, Australiana e Ceará e, teve como resultado as variedades Ogawa, Kumagai, Sassaoka, Yamamoto e Pedro Sato. O segundo grupo tem como origem variedades oriundas da Flórida como a Ruby e a Supreme. As variedades Paluma, Rica e Século XXI, são oriundas de pesquisas.

O terceiro grupo origina-se as variedades trazidas de Taiwan e originou a variedade conhecida de Chinesa.

4.1. Variedade Pedro Sato

Essa variedade foi desenvolvida no Rio de Janeiro pelo Produtor Pedro Sato, na década de 1980.

As plantas dessa variedade são vigorosas, produtivas e têm crescimento lateral. Seus frutos são grandes, pesando em média,

300g a 400g, quando raleados e apresentam boa conservação no período de pós-colheita. Apresenta formato oblongo, casca rugosa, polpa rosada e poucas sementes. É a variedade mais cultivada no Estado de São Paulo (Figura 7).

Figura 7. Fruto var. Pedro Sato.

4.2. Variedade Paluma

A partir do plantio de um pomar de sementes de diversas variedades americanas, indianas e brasileiras, entre elas as variedades EEF, FAO-1, Weber-Supreme, Patíllo, Creme arredondada, Ruby-Supreme, Israel e IAC-4, plantadas na UNESP

- Campus de Jaboticabal, em 1976. A origem da Paluma foi obtida por seleção massal dentro de uma população de polinização aberta, no plantio da variedade Ruby-Supreme (variedade originária da Flórida, EUA). A Paluma (Figura 8) é a mais cultivada em todas as áreas irrigadas do Nordeste brasileiro.

As plantas são vigorosas, de crescimento lateral e bastantes férteis, necessitando desbaste para que produzam frutos com qualidade.

Figura 8. Fruto variedade Paluma.

É comum surgirem até dezessete botões florais num só ramo após a poda de frutificação. É necessário realizar o desbaste, para que os frutos atinjam o tamanho e o peso para o consumo da. ta in natura

4.3. Variedade Rica

Na Faculdade de Ciências Agrárias e Veterinárias da UNESP, Campus Jaboticabal, foi realizada uma pesquisa e selecionadas plantas de polinização aberta da variedade Supreme e assim originou-se a variedade Rica.

Esta variedade é produtiva e vigorosa. Os frutos apresentam formato piriforme e casca rugosa, de tamanho médio e o peso varia de 100g a 250g. Os frutos apresentam alto teor de açúcares e são levemente ácidos.

4.4. Variedade Século XXI

A variedade Século XXI foi selecionada de diversas plantas obtidas de quatro cruzamentos em plantas de polinização cruzada ocorrida em cinco variedades: Rica, EEF-3, Supreme 2, Paluma e Patillo. Coletaram-se as sementes de plantas e produziram-se as mudas para o plantio de um pomar. Após dez anos de avaliação, validou-se a variedade século XXI.

As plantas dessa cultivar produzem cerca de 30 ton.ha^{-1}, com ramificações de crescimento predominantemente horizontal e médio vigor. Permitem a implantação de pomares em espaçamento menor do que o comumente recomendado para outras cultivares. O espaçamento para essa variedade é de 7 x 6m.

A cultivar apresenta maturação precoce com ciclo de cerca de 130 dias desde a floração até a maturação dos frutos. Apresenta frutos de grande tamanho, ótimo sabor e bom aspecto externo.

4.5. Outras variedades

A variedade Kumagai, apresenta planta de vigor médio, ramos longos, esparramados e é muito produtiva. Os frutos são grandes, com tamanho variando 300 a 400g, redondos a oblongos, firmes, com a casca lisa e resistente, de coloração verde-amarelada quando maduros, apresentando uma polpa firme, saborosa, levemente ácida e poucas sementes.

A variedade de polpa branca com aceitação entre os produtores é a Ogawa Branca nº 1. A planta apresenta crescimento lateral vigoroso e folhas de forma oblonga é produtiva, originando frutos com peso acima de 300g. Os frutos apresentam formato ovalado, de casca ligeiramente áspera e coloração amarela quando madura. A polpa, espessa e compacta, é muito doce e apresenta poucas sementes.

O híbrido Ogawa nº 1 predomina nos plantios comerciais e é originado do cruzamento da goiaba comum com a variedade Ceará. A planta, de porte ereto, é muito vigorosa, apresentando um grande número de brotações com característico crescimento vertical, sendo altamente produtiva. Os frutos são grandes, com cerca de 300g, de formato arredondado, casca ligeiramente áspera e de coloração amarela na maturação. A polpa é espessa, de coloração vermelha, compacta, suculenta, muito doce, contendo poucas sementes.

A variedade Ogawa n.º 2, obtida pelo cruzamento da Ogawa n.º 1 com araçá (vermelha), é uma planta de pequeno porte, com crescimento lateral e grande produtividade. Os frutos são de casca lisa, arredondados e grandes, com peso variando de 300 a 400g, polpa espessa, firme, muito doce e com poucas sementes.

A variedade Ogawa n.º 3 foi obtida pelo cruzamento da Ogawa n.º 1 com a Ogawa n.º 2, sendo uma planta de crescimento lateral, com ramos voltados para baixo, muito sensível à seca, produzindo grande quantidade de frutos de polpa vermelha, formato oblogo, tamanho grande, mas pouco saborosos.

4.6. MELHORAMENTO GENÉTICO
4.6.1. Métodos de melhoramento

O melhoramento genético da goiabeira pode ser realizado usando-se três processos: a) por homogeneização dos tipos, por autofecundação (processo sexual) ou por enxertia (processo assexual); b) pela recombinação de novos tipos por cruzamentos e fixação, no caso de genes recessivos, e por seleção em F2 ou após retrocruzamento, no caso de genes dominantes; e c) por poliploidia.

A condução de estudos genéticos clássicos apresenta sérios problemas na goiabeira, em razão da sua alta heterogeneidade, da grande capacidade de adaptação, do longo ciclo de vida e da exigência de grandes espaçamentos.

4.6.2.   Seleção

A seleção entre plantas originadas de sementes pode possibilitar a obtenção de cultivares de goiabeira com características adequadas ao consumo como fruta fresca ou industrializada.

Populações segregantes obtidas de polinização aberta apresentarão variação em função da origem das sementes. Se forem coletadas em pomares obtidos de sementes,haverá considerável quantidade de híbridos na descendência, facilitando a seleção de genótipos novos.

Coletando-se sementes de planta de pomar monoclonal, os cruzamentos serão equivalentes a autofecundações e as variações encontradas na descendência serão reduzidas, restringindo-se ao aumento da homozigose, com possibilidade de eliminação de alelos indesejáveis pela seleção. Embora em menor quantidade, ainda pode haver considerável segregação de tipos diferentes em função da heterozigose do clone parental e muitos caracteres são controlados por muitos genes.

A maioria dos pomares comerciais de goiabeira no Brasil era implantado usando mudas obtidas de sementes retiradas de frutos obtidos por meio de polinização aberta. Esse fato origina pomares com grande variabilidade genética nas características dos frutos e plantas. Desses pomares surgiram muitas plantas com características superiores, que foram selecionadas e tiveram suas características fixadas por meio da propagação vegetativa. E m pomares comerciais, a seleção visual é útil para caracteres de fácil observação e podem ser aplicados diferentes métodos de avaliação, nas plantas pré-selecionadas.

O polimorfismo dos frutos é um complicador na seleção, uma vez que ocorre variação na forma dos frutos de uma mesma planta de um ano para outro. Ou seja, se o melhoramento buscar plantas com frutos oblongos, por exemplo, esta característica pode aparecer em um ano, fazendo com que a planta seja selecionada, e não se repetir no ano seguinte, fazendo com que a mesma planta seja descartada.

4.6.3. Hibridação

A maioria dos programas de melhoramento genético desenvolvidos atualmente está baseada na polinização artificial controlada, utilizando cruzamentos entre plantas que apresentam características de interesse para obtenção de novos cultivares.

A realização de cruzamentos controlados depende, em grande parte, da adequação da técnica empregada para a coleta do pólen e do momento mais propício para a polinização. Foi observado que a emasculação das flores com eliminação das anteras, sépalas e pétalas, quando elas apresentam ruptura do cálice, previne a autopolinização. Os grãos de pólen apresentam-se viáveis desde a fase de botão floral desenvolvido até a fase de botão floral aberto, recomendando-se realizar a polinização após a emasculação.

Os trabalhos iniciam-se pela seleção dos genitores, de forma que possibilite a combinação de caracteres favoráveis nos descendentes a ser selecionado. Uma vez programados os cruzamentos, durante o período de florescimento é feita a coleta e a conservação do pólen dos genitores masculinos. Em seguida, durante a ruptura das sépalas, procede-se à emasculação dos genitores femininos e, no mesmo momento, realiza-se a polinização. Para maior garantia, deve-se repetir a polinização nos dois dias seguintes à primeira.

Após a polinização, os frutos devem ser etiquetados e protegidos com sacos de papel impermeável. O controle do desenvolvimento dos frutos é imprescindível, com constantes trocas dos sacos de papel até o momento da colheita.

A colheita deve ser realizada quando os frutos atingirem o estádio "de vez" de maturação, pois as sementes apresentam-se fisiologicamente maduras antes da completa maturação dos frutos. Após a retirada dos frutos, as sementes devem ser secas à sombra, tratadas e conservadas em sacos de papel.

A seleção, quando as plantas completam de 3 a 5 anos de idade, deve ser rigorosa, descartando-se grande parte do material obtido, com base em características negativas dos frutos (cor da polpa, cor da casca, peso e formato dos frutos, teores de açúcares e acidez, espessura da polpa etc.) e das plantas (crescimento vertical, vigor, baixa produção etc.). As plantas não-selecionadas devem ser eliminadas para evitar novas avaliações desnecessárias.

As plantas remanescentes, a partir de então, devem ser submetidas a rigoroso processo de seleção, durante cerca de dez anos, quando se deve lançar ou não um novo cultivar.

4.6.4. Perspectivas

O melhoramento genético da goiabeira tem contribuído para o desenvolvimento da cultura em nosso país. É importante lembrar que outras tecnologias, como métodos de propagação assexuada, de podas, de controle de pragas e doenças, de adubação, de irrigação, de colheita e embalagem, também foram desenvolvidas e, em conjunto, permitiram o crescimento e o desenvolvimento dessa atividade.

Por se tratar de atividade frutícola que permite o aproveitamento dos frutos em diversas formas, a cultura da goiabeira constitui-se em um potencial de riqueza para muitas regiões e, principalmente, para o Brasil. Além disso, é importante salientar a possibilidade de exportação da goiaba brasileira, que é inexpressiva. Para alcançar o mercado externo, é preciso tecnificar o cultivo da goiabeira, adotando medidas que vão desde utilização de cultivares mais adequados até os cuidados com resíduos de agrotóxicos.

5. CLIMA

A goiabeira adapta-se bem às diferentes condições climáticas. Admite-se que a temperatura ideal para o seu desenvolvimento e frutificação esteja entre o limite de 23°C e 28°C.

A planta não se desenvolve bem em regiões onde a temperatura média dos meses de verão for inferior a 16°C. Abaixo de 12°C ela não vegeta. Temperaturas de 2°C são, em geral, letais para as plantas novas e muito danosas para as adultas que, no entanto, se recuperam com relativa facilidade. A 4°C pode ocorrer a morte de toda a parte aérea da planta, permanecendo vivos, apenas o tronco e os ramos mais grossos.

A vida pós-colheita dos frutos depende da temperatura média da região em que foram produzidos e a temperatura mais favorável, está em torno dos 19°C.

Regiões com precipitação entre 1.000 e 2.000 mm anuais são consideradas favoráveis à cultura, desde que as chuvas sejam bem distribuídas ao longo do ano, mas os frutos produzidos em condições de elevada umidade são pobres em qualidade. Períodos secos durante a fase de crescimento ativo resultam em queda de flores e frutos novos.

A insolação desempenha importante papel na fisiologia da planta; acima de 2.000 hs.lux, influi no florescimento e na produção

6. SOLO

A goiabeira apresenta uma grande capacidade de adaptação a diferentes solos, mas os solos preferidos parecem ser os de textura leve, profundos e bem drenados, com teor médio de matéria orgânica, sendo observado que plantas cultivadas em terras altas e secas produzem frutos mais aromáticos e saborosos.

Solos argilosos e de drenagem lenta devem ser evitados, enquanto em solos rasos e úmidos a planta desenvolve-se mal, ficando raquítica.

A planta da goiabeira adapta-se bem em pH variando de 5,0 a 6,5. Apesar da planta sobreviver em solos pobres, a produção econômica de frutos de mesa exige elevada disponibilidade dos nutrientes essenciais (nitrogênio, fósforo e potássio).

7. PROPAGAÇÃO

A goiabeira pode ser propagada de forma sexual ou assexual:

A propagação sexual e realizada por meio de sementes e não e recomendada para formação de pomares comerciais.

Os métodos de multiplicação vegetativa que podem ser usados na cultura da goiabeira são: estaquia de ramos (herbáceos ou lenhosos) e enxertia. Apresentam a vantagem de manter e perpetuar o patrimônio genético da matriz multiplicada. Além disso, a muda propagada vegetativamente apresenta-se mais precoce, uma vez que a fase de juvenilidade, obrigatória em mudas propagadas por semente, é mais curta quando se utiliza a multiplicação vegetativa.

7.1. Estaquia

A goiabeira pode ser propagada vegetativamente por meio da estaquia. Esse processo de multiplicação pode ser realizado usando ramos herbáceos, semilenhosos ou ramos lenhosos (Figura 9).

Comercialmente a estaquia é um dos métodos de propagação vegetativa mais comumente adotado pelos produtores de muda de goiabeira. O uso, deste método, deve-se à facilidade de execução e a maior rapidez na obtenção da muda.

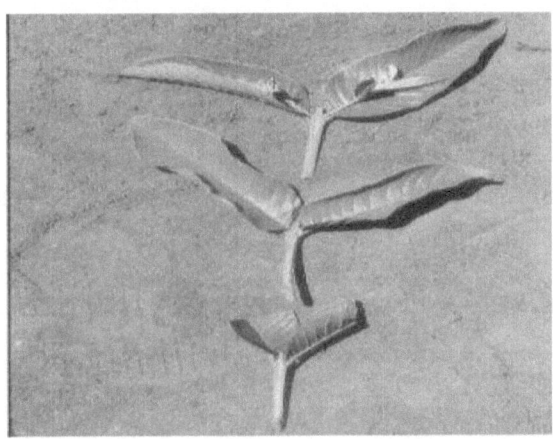

Figura 9. Tipos de estacas de goiabeira.

7.2. Estaquia de Ramos Herbáceos

A propagação da goiabeira de ramos herbáceos em câmara de nebulização intermitente tem sido o método mais usado. A estaca herbácea é retirada de ramos do último fluxo vegetativo e não lignificado.

Esse método vem sendo pesquisado há mais de 40 anos, mas a partir da década de 1980 passou a ser praticado pelos produtores de mudas do Brasil. Esse processo é rápido, eficiente, prático e apresenta excelente pegamento, além de possibilitar a formação de mudas de qualidade em menor espaço de tempo.

Esse método começa pela seleção da planta matriz a multiplicar. Estacas retiradas de plantas jovens, com até cinco anos, enraízam melhor que aquelas retiradas de plantas velhas, e o uso de sombreamento de 70% na câmara de nebulização ativa o enraizamento.

É recomendado antes do estaqueamento do ramo, um corte em bisel, no nó basal, para facilitar a formação das raízes. As estacas devem ser mantidas com folhas, pois elas funcionam como fonte de carboidratos que serão utilizados no processo respiratório indispensável para a divisão e alongamento celular no enraizamento. As folhas funcionam, também, como fonte de hormônios e de co-fatores indispensáveis ao enraizamento. Por esse motivo é recomendável que o processo de enraizamento não ocorra em lugar sombreado, pois a fotossíntese realizada pelas folhas remanescentes na estaca seria comprometida e consequentemente o enraizamento da estaca.

Apesar de pouco utilizados, os hormônios podem ser usados para estimular o enraizamento da estaca herbácea. O ácido indolbutírico (AIB) pode ser usado em concentração de 200 a 2.000 ppm. Nessas concentrações, o índice de pegamento é cerca de 80%. O tratamento é feito colocando-se a base da estaca, em torno de 1,5 cm, na solução durante um período de 12 a 24 horas (baixa concentração do AIB) ou de cinco segundos (alta concentração do AIB).

Quanto ao substrato de enraizamento, a vermiculita é o substrato que tem proporcionado maior índice de pegamento, possibilitando maior aeração e umidade adequadas.

Para o enraizamento podem ser usados diferentes recipientes: bandejas, tubetes e outras variações. As bandejas e os tubetes têm apresentado problemas, pois as folhas ficam juntas e causam o ressecamento da base das estacas e consequentemente a sua morte.

O ambiente de enraizamento deve ser conservado com alta umidade relativa do ar. Essas condições são conseguidas em câmara de nebulização intermitente onde predominam alta umidade e baixa temperatura. As estacas permanecem nessas condições por um período de 60 a 70 dias, passando depois por uma seleção rigorosa para que sejam repicadas para um recipiente.

Feita a seleção das mudas na câmara de nebulização, faz-se uma toalete no sistema radicular – eliminando-se as raízes fora do padrão de crescimento e que possam causar enovelamento quando repicadas para o recipiente. Nessa ocasião deve-se também proceder ao corte das folhas pela metade, para diminuir a área de transpiração da muda a ser repicada.

Realizada a repicagem, as mudas devem permanecer num local sombreado, normalmente um ripado coberto com sombrite, folhas ou outro material, com 50% de luz e que reduza a insolação direta e sairão após um período de 30 a 40 dias para o plantio no campo. Nessa fase as mudas já devem receber podas de formação de modo a crescerem em haste única. Caso seja necessário, após as mudas saírem do ripado, podem passar por um período de aclimatação a pleno sol, de modo a formar brotos lenhosos, antes de serem plantadas no local definitivo.

A propagação da goiabeira por meio do enraizamento de estacas é o método mais empregado comercialmente no Brasil. É um método econômico, prático e eficiente e propicia a produção de mudas num curto espaço de tempo quando comparado a outros métodos de propagação, facilitando também o transporte da muda a longas distâncias, barateando os custos do transporte, pois leva maior quantidade de mudas por metro quadrado.

7.3. Estaquia de Ramos Lenhosos

As estacas lenhosas são retiradas de ramos maduros, com um ou mais anos de idade e com diâmetro de 1,5 cm. Recomenda-se descartar o terço superior do ramo, dividindo o restante em estacas de 20 cm de comprimento. Ao contrário das estacas herbáceas, nesse tipo de ramos é aconselhável retirar as folhas para evitar o ressecamento da estaca por transpiração. Em geral o estaqueamento é feito na posição vertical, enterrando-se 2/3 da estaca no leito de enraizamento.

Para se obter um bom pegamento, recomenda-se a realização de anelamento ou estiolamento prévios dos ramos que irão fornecer as estacas. Como o enraizamento de estacas lenhosas é mais difícil, recomenda-se a utilização de substâncias indutoras do enraizamento.

O ácido indolbutírico (AIB) em concentrações de 200 a 2.000 ppm potencializa o enraizamento e estacas lenhosas.

7.4. Propagação por Enxertia

A enxertia é o mais antigo método de multiplicação vegetativa usado na goiabeira. Esse método é de fácil execução, permite um ótimo rendimento de mudas e dispensa a utilização de estruturas de propagação indispensáveis em outros métodos como a estaquia. A enxertia é um método que depende da habilidade do enxertador e pode ser usado diretamente no campo.

Às vezes por mudança de hábito do consumidor, o produtor pode ser forçado a mudar de variedade, pois aquela plantada anteriormente na sua área deixa de ser preferida pelo mercado consumidor e nesse caso, o produtor tem como saída tecnológica proceder à mudança de copa por meio da enxertia no campo (substituição de copa). A vantagem existente está na utilização de um sistema radicular já estabelecido no campo, o que possibilita ganho de tempo para entrada de produção da nova variedade enxertada. A enxertia no campo é usada para produzir numa única copa diferentes tipos de frutos (branco, vermelho, redondo ou ovalado).

7.4.1. Tipos de Enxertia

7.4.1.1. Borbulhia/placa em janela aberta

Dentre os processos de enxertia adotados na goiabeira destaca-se a borbulhia de placa em janela aberta, por ser uma modalidade rápida e eficiente na produção da muda de goiabeira.

A vantagem da borbulhia é sem dúvida o alto rendimento no aproveitamento do material a ser propagado, uma vez que se utiliza apenas uma pequena porção da planta a ser multiplicada. Esse aspecto é muito importante, principalmente em situações de escassez da variedade a multiplicar. Nesse processo é usado apenas um quadrado de casca com aproximadamente um centímetro, isso permite a retirada de várias borbulhas num só ramo maduro.

A enxertia de borbulhia de placa em janela aberta é realizada a mais ou menos 10 ou 15 cm de altura na haste do porta-enxerto, quando está maduro e apresenta um diâmetro de 8 a 10 mm.

A idade do porta-enxerto varia de 8 a 15 meses e depende dos tratos culturais usados na formação da muda. A produção do porta-enxerto pode ser realizada em viveiros tradicionais ou em recipientes individuais, com volume de terra que varia de 5 a 7 litros e altura mínima de 30 cm. Retira-se do caule do porta- enxerto um retângulo de casca com as mesma dimensões do retângulo de casca retirado da planta matriz que se quer multiplicar. A borbulha deve ser ajustada no porta-enxerto de modo a pelo menos num dos lados haver coincidência de casca entre borbulha e porta-enxerto. Isso é fundamental para que seja iniciado o processo de diferenciação celular que vai dar origem à conexão vascular entre enxerto e porta-enxerto, ligando o floema e xilema da planta matriz ao floema e xilema do porta-enxerto.

O método de enxertia por borbulhia tem sido o mais usado na propagação da goiabeira no mundo, pois é fácil de ser executado e permite formar um grande número de mudas com apenas um ramo fornecedor de bobulhas. Apresenta alta taxa de pegamento e viabiliza uma nova enxertia quando não ocorre o pegamento do enxerto anterior. Os ramos fornecedores de borbulhas devem ser cuidadosamente selecionados após a casca perder a sua coloração esverdeada.

Os cuidados importantes ao preparar os ramos fornecedores de borbulhas é o de remover as folhas dos ramos, 10 a 14 dias antes da sua retirada da planta, para estimular o entumescimento das gemas e, assim, acelerar e aumentar o pegamento do enxerto. O porta-enxerto, que pode estar em embalagem individual ou no viveiro, deve ter haste única, com diâmetro de 6 a 12 mm e, estar em pleno crescimento vegetativo.

Nas regiões de clima tropical, com a prática da irrigação, a enxertia por borbulha pode ser realizada em qualquer época do ano, evitando-se os meses de temperatura muito elevada. Os ramos dos quais serão retiradas as borbulhas ou gemas devem ser cortados próximo à região lignificada, eliminando-se as folhas, e deixando uma pequena porção do pecíolo. Os ramos fornecedores de borbulhas devem ser acondicionados em papel jornal, serragem, musgo ou outro material que retenha a umidade, de modo a conservá-los durante o transporte. A enxertia deve ser executada o mais rápido possível após a coleta, de modo a evitar a desidratação dos ramos o que pode comprometer o índice de pegamento dos enxertos.

Depois da enxertia, deve-se amarrar cuidadosamente o enxerto ao porta-enxerto. Na enxertia tipo borbulha não se deve cobrir toda a gema com fita plástica, de modo a permitir o surgimento do broto que vai originar a nova copa. A amarração com fita é indispensável facilitando a união das partes enxertadas e dificultando a penetração de água nos tecidos recém-enxertados.

Após a enxertia devem-se dispensar os cuidados necessários na irrigação, capinas e os tratos culturais de modo a propiciar um crescimento vigoroso da muda. Quando o broto estiver com aproximadamente 8 ou 10 cm, deve ser amarrado ao porta-enxerto, para evitar perdas, danos ou atraso de crescimento por quebra ou tortuosidades ocasionadas pela falta do tutoramento. A fita que amarra o enxerto ao porta-enxerto deve ser retirada logo após a união das partes.

O porta-enxerto na parte acima do local onde foi feito o enxerto, pode ser cortado por etapas, de modo que possa ser utilizado como tutor, sendo a sua eliminação efetuada paulatinamente até o enxerto ficar lenhoso e na direção vertical desejada. Primeiramente faz-se o corte de um terço, depois de dois terços e, finalmente, o corte total. Após o corte total da haste do porta-enxerto que servia de tutor, recomenda-se a colocação de outro tutor que pode ser de estaca de madeira disponível no local, bambu ou outro material, a fim de amarrar o enxerto até ficar firme, e com o crescimento vertical desejado.

Na borbulhia de placa ou janela aberta, quando se usa o canivete de enxertia, são feitas no porta-enxerto duas incisões transversais e duas longitudinais, retirando-se a casca contida no retângulo, de modo a deixar livre a área a ser ocupada pela borbulha. A borbulha a ser utilizada como enxerto é retirada do ramo maduro com diâmetro semelhante ao diâmetro do porta-enxerto, fazendo-se duas incisões transversais e duas longitudinais iguais, em tamanho e forma, às praticadas no porta-enxerto, para se obter um escudo idêntico à porção de casca retirada. A borbulha é colocada no retângulo, devendo ficar inteiramente em contado com os tecidos do porta-enxerto e de modo a coincidir casca com casca em pelo menos um dos lados, se não for possível nos dois lados. A seguir amarra-se, com uma fita plástica o escudo ou borbulha que foi enxertado no porta-enxerto.

7.4.1.2. Garfagem do topo em fenda cheia

Esse método de propagação é bastante usado na goiabeira (Figura 10) a garfagem em inglês simples e a garfagem em inglês complicado. Esses métodos apresentam percentual de pegamento semelhante, depende da habilidade do enxertador.

Na prática, a garfagem no topo em fenda cheia apresenta bom índice de pegamento do enxerto pela facilidade de amarração do garfo ao porta-enxerto, uma vez que o garfo é colocado numa fenda efetuada no porta-enxerto.

Figura 10. Enxertia do tipo garfagem do topo - fenda cheia.

Na garfagem em inglês simples, como o encaixe das partes é lateral, qualquer descuido do operador pode proporcionar a não coincidência das cascas das partes enxertadas e por isso dificultar ou reduzir o percentual de enxertos conseguidos. Nesse tipo de enxertia, uma porção da planta (garfo) é exposta às condições ambientais, como a temperatura e a umidade do ar. Quando se compara com a borbulhia de placa, em geral se obtém menor índice de pegamento.

As matrizes selecionadas para multiplicação e fornecimento dos garfos devem ser de crescimento baixo e aberto, com uma produção anual regular, sem alternância, de frutificação precoce, com grande produtividade, isentas de doenças e pragas ou com certa resistência a elas, adaptadas à região, e produtoras de frutos de primeira qualidade para mercado. Os garfos (enxertos) devem ser retirados da planta-matriz previamente selecionada, e de ramos maduros com 8 a 10 meses de idade, quando a casca perde a coloração verde. Os melhores garfos são obtidos na porção intermediária do ramo. Os ramos fornecedores dos garfos ou enxertos devem ser cortados com um comprimento de aproximadamente 3 a 5 cm, de modo a apresentar um mínimo de 3 gemas. Para transportar os ramos que irão fornecer os garfos, estes devem ser amarrados em feixes, e protegidos por materiais umedecidos (pó de serra, argila, papel higiênico umedecido) e guardados à sombra.

Caso seja necessário transportar a longas distâncias prepara-se uma solução, diluindo-se parafina em água quente, e após esfriar, mergulha-se a ponta superior do garfo na solução para proteger do ressecamento, devido à transpiração, além de proteger contra doenças. Prepara-se o porta-enxerto fazendo-se uma toalete para eliminar toda a brotação lateral perto do local da enxertia, devendo permanecer somente o caule principal até uma altura de 80 a 100 cm.

A garfagem deve ser realizada entre 15 a 30 cm acima do colo da planta, em porta-enxertos, com diâmetro de 8 a 12 mm no local da enxertia. A enxertia é realizada com o uso de uma tesoura de poda, a decapitação do porta-enxerto é feita a uma altura de 15 a 30 cm, fazendo-se em seguida um corte vertical com o canivete, de modo a deixar uma fenda completa no porta-enxerto. O garfo ou enxerto é cortado na sua parte inferior (de maior diâmetro e sem parafina) em bisel duplo, e, na abertura ou fenda do porta-enxerto, deve ser inserido, de modo a permitir o contato das cascas em pelo menos um dos lados. Quando o garfo e porta-enxerto apresentam o mesmo diâmetro, ocorre a coincidência nos dois lados do câmbio (casca), o que garante um melhor pegamento.

É importante que esse broto continue protegido até que atinja de 4 a 6 cm de comprimento. Caso ocorra a brotação de mais de um broto, deve-se manter apenas o mais vigoroso quando da retirada do saquinho plástico. O enxerto que permanece deve ser conduzido, amarrado a um tutor de bambu ou de madeira, de modo a conduzir a muda em haste única e na posição mais vertical possível. Decorridos 45 a 60 dias após a enxertia, pode-se retirar a fita plástica que estava amarrando o enxerto ao porta-enxerto, retirando-se o papelão ou material vegetal que protegia o enxerto do sol.

Os cuidados com a muda enxertada devem continuar no viveiro, eliminando-se todas as brotações do porta-enxerto, e também conduzindo broto do enxerto na posição mais vertical possível. Quando a muda enxertada estiver com 20 a 30 cm de altura, ela deve ser climatizada com uma maior exposição diária ao sol e com maior intervalo entre as irrigações. Após o período de adaptação, que em geral dura de 15 a 20 dias, a muda está pronta para ser plantada no local definitivo.

7.5. Produção do porta-enxerto

Na produção de muda de goiabeira, a idade do porta-enxerto por ocasião da enxertia é importante. Consegue-se um percentual que varia de 80 a 96,6% quando se utiliza porta-enxertos com 11 e 15 meses. Acredita-se que o sucesso no pegamento esteja mais associado ao diâmetro do caule e não à idade do porta-enxerto. A literatura afirma que o diâmetro ideal varia de 8 a 10 mm.

Às vezes porta-enxertos de idade superior apresentam diâmetro inferior ao dos porta-enxertos mais novos em função dos tratos culturais usados. Importante é que se dêem todas as condições de irrigação, capina, nutrição e tratos fitossanitários para que o porta-enxerto apresente o diâmetro requerido.

8. CALAGEM

A calagem devem ser feita com calcário dolomítico, na quantidade necessária para elevar a saturação por base a valores próximos de 70%.

Antes deve se fazer análise de solo para se ter uma idéia das reais necessidades da calagem e das adubações.

9. ADUBAÇÃO

a) **Plantio**: As covas devem ser adubadas pelo menos 30 dias antes do plantio e desde que ocorram chuvas durante o período, com a seguinte mistura:

- Esterco de curral curtido (20 litros)

- Superfosfato simples ou termofosfato (200 gramas)

- Cloreto de potássio (150 gramas)

Após o pegamento das mudas, o que se conhece pela emissão de nova brotação da planta, deve-se fazer uma cobertura a cada 60 dias, com 20 gramas de nitrogênio por planta e, por vez, aplicados durante a estação das chuvas, caso não tenha irrigação.

b) **Formação:** Durante a fase de formação do pomar, aconselha-se o emprego de 90 gramas de N, 90 gramas de P_2O_5 e, 90 gramas de K_2O por ano de idade da planta, divididos em três parcelas anuais. Caso o pomar não seja irrigado, os adubos devem ser aplicados no período chuvoso.

c) **Produção:** Iniciada a produção, iniciam-se as adubações químicas que precisam ser criteriosamente planejadas e executadas pela elevada exigência dessa cultura.

Nitrogênio: As doses empregadas variam de 400 a 1.250 gramas de nitrogênio por planta e por ciclo, dependendo do estado vegetativo da planta, da sua idade e vigor.

Para o ajuste da dose de nitrogênio, deve-se levar em conta a qualidade do fruto, pois o seu excesso origina a produção de frutos grandes, chochos e frágeis, além de favorecer o aparecimento de rachaduras na sua superfície.

Fósforo: As doses de P_2O_5 estão dentro dos limites de 200 a 500 gramas, dependendo do teor do elemento no solo. Por ser pontual e lento caminhamento este nutriente é aplicado em apenas uma dose anual.

Potássio: O potássio é o elemento mais crítico na adubação da goiabeira, exigindo que o ajuste da quantidade fornecida, dentro dos limites de 1.200 a 2.000 gramas de K_2O por planta e por ciclo, seja realizada em função da qualidade do fruto. Esse nutriente torna o fruto mais firme e colorido. Quando fracionado, deve ser feito em doses crescentes, em culturas submetidas a poda total.

As adubações orgânicas são essenciais para esta cultura, pois a planta não sofreu processo de melhoramento que selecione

as mais aptas a ser cultivadas em solos minerais, pobres em matéria orgânica. O fornecimento de 150 a 200 quilos de esterco de curral por planta e por ano, é a dose ideal, colocados sobre a superfície do solo, em uma faixa em torno da planta, na periferia da copa.

O boro e zinco devem ser fornecidos regularmente à planta. O boro deve ser empregado na forma de bórax, em uma aplicação anual via solo, na dose de 10 gramas por planta. Essa adubação é complementada por pulverizações foliares a cada dois meses com ácido bórico a 0,1% e sulfato de zinco a 0,3%, os quais podem ser aplicados em mistura com uma calda pesticida.

A aplicação dos fertilizantes deve ser feita em cobertura, em uma faixa distante do tronco, mas na projeção da copa e sob a área de molhamento da irrigação, de forma a torná-los disponíveis para a maior quantidade possível de raízes.

As recomendações serão feitas de acordo com a análise química do solo, a análise foliar, a observação visual do estado nutricional das plantas e a expectativa da produtividade. Esses são fatores fundamentais para ajudar a racionalizar o programa de adubação.

9.1. Fertilização foliar

Para este tipo de fertilização, recomenda-se equipamentos que produzam partículas pequenas, para que as folhas fiquem cobertas por micropartículas, pois as doses são pequenas e assim obtêm-se menores perdas.

A aplicação no final da tarde ou à noite evita a secagem rápida da folha, já que o orvalho ajuda a absorção.

Apesar das plantas necessitarem grandes quantidades de N, é possível aplicar doses razoáveis, desde que sejam aplicações freqüentes junto aos tratamentos fitossanitários, principalmente por proporcionar um pequeno desperdício.

Os nutrientes facilmente absorvidos por este processo são nitrogênio, magnésio, ferro e boro. O fósforo e o potássio são pouco absorvidos por este método. O potássio, aplicado na forma de nitrato de potássio, tem sua absorção facilitada devido à presença do íon nitrato.

Normalmente, aplica-se soluções bastante diluídas (menos que 1%), para evitar-se queimaduras nas folhas, e, quando utiliza-se produtos de reação muito ácida, deve-se fazer neutralização com cal.

Em fruticultura, os micronutrientes podem ser aplicados via foliar. Alguns macronutrientes são aplicados com maior freqüência, entre eles sulfato de magnésio a 2%, cloreto de cálcio a 0,6%, entre outros.

9.1.1. Épocas de fertilização

As plantas frutíferas de clima temperado possuem ciclos vegetativos determinados, que precisam ser considerados na época de aplicação dos fertilizantes. No outono/inverno deve-se aplicar os fertilizantes fosfatados e material orgânico.

O nitrogênio apresenta grande mobilidade no solo e está prontamente disponível às raízes das plantas dentro de pouco tempo, dependendo da umidade, muitas vezes dentro de 15 dias. Em conseqüência, ele não deve ser aplicado todo de uma só vez, devendo ser fracionado da seguinte forma: 30% no início da brotação, 30% depois do raleio e 40% depois da colheita, sendo que esta aplicação é feita, basicamente, para que a planta mantenha as folhas por um período mais longo. No início da brotação o nitrogênio deve ser aplicado, preferencialmente, na forma de nitrato ou amoniacal; na diferenciação floral, na forma amoniacal, e, quando aplicado no final de verão, deve-se aplicar na forma orgânica ou amoniacal.

As deficiências que ocorram durante o ciclo vegetativo podem ser corrigidas com aplicações foliares de macro e micronutrientes.

9.1.2.   Fontes de nutrientes

Os nutrientes podem ser originados de processos industriais ou a partir de restos de culturas, resíduos urbanos tratados, estercos e resíduos industriais líquidos, por exemplo, o vinhoto de cana-de-açúcar. Independente da fonte, a composição e as quantidades do material devem ser conhecidas para que seja possível estabelecer-se uma adubação equilibrada para as plantas.

Os solos que contêm um teor mais elevado de

matéria orgânica respondem melhor a adubação mineral, pois a matéria orgânica aumenta a Capacidade de Troca Catiônica (CTC), alémde fornecer N, P, K, Ca, Mg, S e B para as plantas.

9.2. Coleta de amostra e interpretação de análise foliar

Para as plantas cítricas, a coleta de amostras para análise foliar é realizada no período de janeiro a março, coletando-se folhas com 5 a 7 meses de idade, de ramos frutíferos que se originaram na brotações primaveris. Devem ser coletadas de 8 a 16 folhas por planta, a uma altura aproximada de 1,5 m do solo, nos quatro quadrantes da copa, de 10 a 15 plantas do mesma cultivar, bem distribuídas por talhão, com topografia e solo homogêneos, o tamanho da amostra será de 80 a 200 folhas.

10. PLANTIO

10.1.Preparo do Solo

O preparo do solo para implantação de um pomar de goiabeira compreende atividades de roçagem, destoca, aração, gradagem e preparo da rede de drenagem, quando necessário. A aração deve ser profunda, pelo menos até a profundidade das covas, seguida de uma ou duas gradagens. É importante que essas operações sejam executadas tendo o solo um nível adequado de umidade. Recomenda-se, também, que sejam realizadas dois ou três meses antes do plantio. A nova tendência em novos plantios de frutíferas é o "O cultivo mínimo". Nesse cultivo a área de plantio não é revolvida, faz-se apenas as covas ou os sulcos de plantios e sem mover o solo nas entrelinhas.

10.2. Marcação do terreno, abertura das covas e plantio da mudas.

Na marcação do terreno, que antecede a abertura das covas, podem ser usados vários tipos de traçados, destacando-se os seguintes: triângulo equilátero, quadrado ou em quincôncio.

Os traçados em retângulo e quincôncio são mais usados. A determinação ou seleção do espaçamento a adotar dependerá, da maior ou menor fertilidade natural do solo e dos sistemas de exploração - se mecanizados ou não e de irrigação - gotejamento, sulco, aspersão ou microaspersão.

O espaçamento a adotar depende da finalidade do plantio (para mesa ou indústria). De modo geral, tem-se usado traçados em retângulos com espaçamento de 8m x 5m ou 6m x 5m; traçados em quadrado com espaçamentos de 5m x 5m ou 4m x 4m. É prática comum em pomares destinados à produção de frutas para consumo in natura, a utilização de espaçamentos menores como 4m x 4m ou 3m x 3m.

O produtor deve ter conhecimento das técnicas de poda de frutificação e de raleio de frutos, de modo a evitar o fechamento da copa, após a poda, pois isto comprometerá a produção, nos aspectos qualitativos e quantitativos. Em espaçamentos mais adensados, o objetivo é produzir com maior quantidade de árvores por área, menor quantidade e tamanho de frutos por árvore.

As covas devem medir 60 cm nas três dimensões. A abertura pode ser realizada de forma manual ou mecanizada com furadeiras motorizadas (Figura 11) ou tratorizadas, quando se tratar de grandes áreas.

Figura 11. Furadeira motorizada.

No plantio, a planta deve ficar um pouco acima do nível do solo. As plantas devem ser tutoradas para evitar a ação do vento. A ação do vento pode provocar o tombamento da muda e prejudicar o crescimento do broto terminal. A morte do broto terminal, que pode ocorrer nesse caso, provoca crescimento tortuoso do tronco, havendo necessidade de orientar uma brotação lateral, com ajuda de um tutor, para que a planta atinja a altura mínima e inicie a formação das pernadas ou ramos principais, que constituirão a copa básica da planta.

A amarração da planta deve ser feita com material que permita uma faixa larga de contato com o tutor, por exemplo, a fita de plástico. Pode-se utilizar cordão fino ("amarrio em oito"), tendo-se cuidado para não estrangular a muda, o que causaria a morte da planta ou atraso no desenvolvimento e desuniformidade no pomar.

11. TRATOS CULTURAIS

Os tratos culturais como poda, desbaste, ensacamento e colheita dos frutos, são realizados com maior facilidade para aumentar a insolação e ventilação no interior da planta. A goiabeira deve ser conduzida de forma a originar uma copa baixa, em forma de taça aberta.

11.1. Podas

11.1.1. Poda de Formação

A goiabeira destinada à produção de frutos para o consumo in natura ou a industrialização, deve apresentar uma copa adequada e funcional, que facilite os diversos tratos culturais necessários à obtenção de frutas com o padrão de qualidade que o mercado consumidor exige. Dessa forma, é indispensável que na fase de produção da muda e após o plantio no local definitivo, sejam realizadas podas de formação para orientar a copa da goiabeira no sentido da arquitetura desejada.

Após o plantio no local definitivo, as mudas devem ser conduzidas em haste única, até uma altura de 50 cm ou 60 cm, quando se procederá à eliminação da gema terminal ou meristemática, deixando-se, a partir daí os últimos 20 cm ou 30 cm, 3 ou 4 pernadas ou ramos primários bem distribuídos nos quatro pontos cardeais no tronco, para a formação da copa.

Esses ramos primários ou pernadas principais, após o amadurecimento, devem ser podados, de modo a ficarem com 50 cm ou 60 cm de comprimento (Figura 12). A partir dessa operação, deixa-se que a copa se forme à vontade e direcionada, eliminando-se os ramos secundários surgidos próximo do tronco, pois eles podem fechar a copa no centro.

Dependendo do espaçamento adotado, principalmente aqueles mais largos, as pernadas principais ou ramos primários podem ter comprimentos maiores, de modo a formar uma copa de maior diâmetro e, portanto, mais volumosa. É comum encontrar ramos primários com mais de um metro. Neste caso, a copa fica mais vulnerável à quebra dos ramos principais. Devem-se eliminar nos ramos primários inferiores, as brotações que se dirigem para o solo ou se cruzam no interior da copa, a fim de formar uma copa aberta e arejada no centro.

Figura 12. Planta podada.

11.1.2. Poda de Frutificação

Pomares de goiabeira destinados à produção de frutas para consumo in natura devem ser podados de acordo com a conveniência do produtor, visando a frutificação (Figura 13).

Figura 13. Planta e poda de frutificação.

A goiabeira responde bem à poda de frutificação, independentemente da época do ano, as flores surgem somente nas brotações oriundas dos ramos maduros. Na poda de frutificação, dois aspectos são de fundamental importância: a época e a intensidade da poda.

Quanto à época, havendo temperatura, luminosidade e irrigação adequadas, a goiabeira pode ser podada em qualquer período do ano. A época de realização da poda de frutificação depende do período em que se pretende colher e comercializar os frutos. É preciso não esquecer que os ramos a ser podados devem estar maduros e com as gemas propícias à brotação. Às vezes, no Nordeste, nos períodos mais frios do ano, de maio a julho, há uma inibição da brotação e da frutificação, que se tornam mais lentas em comparação às dos demais meses do ano.

Quanto a intensidade, a poda de frutificação pode ser definida como contínua ou drástica (Figura 14). A seleção de um ou outro método depende do sistema de manejo e do mercado consumidor.

Figura 14. Planta após a poda drástica.

A diferença básica entre os sistemas poda drástica ou contínua, consiste em podar toda a planta numa mesma oportunidade, ou parte dela em épocas diferentes.

Na poda contínua, a planta se mantém, a depender da irrigação, da temperatura e da insolação, em produção durante todo o ano. Nesse caso, são encontrados, numa mesma planta, todos os estádios de desenvolvimento do fruto (botões florais, flores, frutos em desenvolvimento e frutos em ponto de colheita).

Na prática, quando se adota a poda contínua, consegue-se dilatar o período de frutificação da planta e, assim, comercializar a fruta durante todo o ano. É importante saber que, ao se adotar a poda contínua, serão podados apenas os ramos maduros e aptos a florir. A poda contínua consiste no encurtamento dos ramos que já produziram, sendo geralmente efetuada um mês após a colheita do último fruto daquele ramo.

A poda de frutificação drástica possibilita a concentração da época de colheita (também chamada poda de mercado), o que poderá facultar a oferta de um maior volume de frutas, num menor espaço de tempo.

Alguns autores recomendam, antes da poda de frutificação, a utilização de substâncias desfolhantes, a fim de forçar a planta a uma produção antecipada e concentrar a safra num período comercialmente favorável. No Havaí, utiliza-se, para essa finalidade, a pulverização com uma solução de ureia a 25%.

Em trabalho realizado na região do Submédio do Vale do São Francisco, constatou-se que a ureia a 10% ou 15%, aplicada como desfolhante, seguida da aplicação do dormex a 1% ou a 1,5% após a poda de frutificação aumenta a produção e reduz o período de colheita para apenas trinta dias.

Considerando que na poda contínua o ciclo de produção é também contínuo, deve-se estar atento para a ocorrência de pragas e doenças que, em geral, devem surgir com mais intensidade, exigindo maiores cuidados fitossanitários.

A poda de frutificação, quer drástica ou contínua, deve ser praticada com o mínimo de conhecimento dos princípios de fisiologia da planta. Tais princípios estão associados ao acúmulo e à pressão das seivas bruta e elaborada, pois elas contêm, além dos nutrientes essenciais à planta, as substâncias hormonais indispensáveis à floração e à frutificação.

Princípios fisiológicos que devem ser observados na poda da planta de goiabeira:

• A rápida circulação da seiva favorece o desenvolvimento vegetativo, enquanto a circulação lenta estimula a produção de frutos.

Quanto mais rapidamente a seiva circula pelos vasos da planta, maior será o número de gemas vegetativas que surgirão, dando origem a brotações vigorosas e sem frutos. A circulação mais lenta possibilita o acúmulo de reservas nas gemas localizadas ao longo dos ramos maduros, se transformando em gemas frutíferas.

• A circulação da seiva será mais intensa quanto mais retilíneo for o ramo: Quanto mais obstáculos houver à circulação da seiva numa planta ou ramo, maior será a possibilidade de essa planta ou ramo florir e frutificar. A resposta à floração e à frutificação está associada ao acúmulo de reservas propiciadas pela circulação mais lenta da seiva na planta ou ramo.

• Os ramos em posição vertical favorecem maior velocidade de circulação da seiva em seu interior, enquanto, nos ramos em posição horizontal, a velocidade de circulação é mais lenta. Os ramos ditos ladrões, por se encontrarem em posição vertical favorecem uma maior velocidade de circulação da seiva, quase sempre improdutivos. Na ocasião da poda de frutificação, devem-se deixar, preferencialmente, os ramos situados em posição horizontal, pois são eles que têm maior probabilidade de serem frutíferos.

• A seiva dirige-se com maior intensidade para as partes mais altas e iluminadas da planta. Esse fato acontece porque nas partes mais altas e iluminadas da planta, em virtude de a transpiração e a fotossíntese serem mais intensas, há maior pressão negativa de água, resultando num maior fluxo de seiva para aquela região da planta. É importante após a poda de frutificação, e numa situação de brotação excessiva da planta, eliminar o excesso de ramos e folhas existentes no topo da planta, pois essas partes estão competindo e carreando grande parte dos assimilados, que poderiam e deveriam ser destinados aos processos de floração, frutificação e desenvolvimento e crescimento dos frutos.

Os ramos secundários receberão mais seiva ascendente, quanto menor for o seu número num dado ramo primário. Nesse princípio é conveniente que se faça, sempre após a poda de frutificação, uma avaliação criteriosa quanto ao número de ramos secundários que devem permanecer nos ramos em frutificação e diz respeito, basicamente, ao número de ramos secundários que surgem nos ramos em frutificação. Não existe um número recomendável; à experiência do produtor, o vigor da planta e do ramo vão definir a quantidade de ramos que ficam na planta. Dar preferência aos ramos frutíferos.

O encurtamento do ramo favorece o aparecimento de brotação lateral. O encurtamento e a eliminação da porção terminal do ramo devem ser realizados, em geral, imediatamente acima de uma gema voltada para fora da copa. Essa poda diminuí a dominância apical, reduzindo o teor de auxina. Isso aumenta a possibilidade de brotação das gemas existentes no ramo que sofreu o encurtamento. Na prática, a poda de frutificação da goiabeira está estreitamente ligada a esse princípio. A brotação advinda após a poda de frutificação resulta da brotação das gemas axilares do ramo podado. Essa brotação é possível, pois, com o encurtamento, reduz-se a produção de auxina, que, em geral, ocorre na extremidade do ramo, e a diminuição de auxina estimula a brotação das gemas axilares. O encurtamento será efetuado de acordo com o vigor do ramo e os mais vigorosos são deixados mais longos, enquanto, ramos mais finos ou menos vigorosos são deixados mais curtos.

A produção da planta podada está estreitamente associada à relação C/N (carboidrato/ nitrogênio), que existe no ramo após a poda.

Na poda de frutificação deve ser seguida as seis sequências:

1. Iniciar a poda removendo os ramos quebrados, mortos e doentes;

2. Remover os ramos ladrões;

3. Remover os ramos que estão muito próximos e que possam se atritar com facilidade e danificar outros ramos ou os próprios frutos após a frutificação;

4. Remover os ramos que se dirigem para o centro da copa ou que se cruzem no interior da planta;

5. Remover os ramos voltados para o solo, pois, em geral, são ramos improdutivos;

6. Executar a verdadeira poda de frutificação, em obediência aos princípios fisiológicos descritos anteriormente.

11.2. Irrigação

A goiabeira é uma planta que responde bem à irrigação, apresentando excelente produtividade e pode produzir duas ou mais safras por ano. Essa é uma grande vantagem, pois aliado ao manejo adequado da poda é possível direcionar a safra para períodos economicamente desejáveis.

A irrigação é uma técnica que está associada a uma série de fatores que influem diretamente na produtividade da goiabeira e na qualidade de seus frutos.

A goiabeira cultivada com irrigação aliada à poda bem conduzida, além de apresentar níveis de produtividade elevados chegando até 50 t/ha/ano, produz durante todo o ano. Essa característica possibilita ao produtor não só comercializar sua produção como fruta fresca nos grandes centros consumidores locais, como também permite buscar mercados mais distantes, inclusive o de exportação.

Os mercados de exportação e interno cada vez mais exigente exigem um padrão de qualidade do fruto muito superior ao padrão da fruta destinada ao mercado local e à indústria. Esse padrão é alcançado em culturas tecnificadas e com variedades selecionadas.Métodos de irrigação

A irrigação visa suprir as necessidades hídricas das plantas. É uma pratica que não funciona separado mas integrada com outras práticas agrícolas de forma a beneficiar a planta e o produtor.

O uso correto da irrigação é fator determinante para o sucesso do produtor, que envolve altos custos e consequentemente possui menor risco associado à atividade.

É importante a escolha correta do método de irrigação a ser utilizado, a realização criteriosa do projeto, a utilização de equipamentos de boa qualidade, as especificações para as quais foram projetados, os cuidados durante a implantação do sistema, a correta manutenção do mesmo e a determinação correta da quantidade de aplicação da água e de produtos fertirrigados.

As diversidades edafoclimáticas, econômicas e sociais das regiões brasileiras possibilitam o uso dos diferentes sistemas de irrigação, que podem ser agrupados em três grandes métodos:

- **Irrigação por superfície:** A água é aplicada ao perfil no solo utilizando sua própria superfície para condução e infiltração, podendo ser por sulco, por faixa, por inundação ou subirrigação.

- **Irrigação por aspersão:** A água é aplicada no solo sob a forma de chuva artificial, por fracionamento de um jato de água, em grande número de gotas que se dispersam no ar e caem sobre a superfície do terreno ou do dossel vegetativo. Destacam-se, nesse grupo, os sistemas convencionais, ramal rolante, montagem direta, autopropelido, pivô central e o linear.

- **Irrigação localizada:** A água é aplicada na superfície ou subsuperfície do solo, próximo à planta, em pequenas intensidades e com grande frequência. São utilizados sistemas de filtragem e de pressurização, tubulações para condução da água e gotejadores ou microaspersores, que irão constituir os dois sistemas.

Destaca-se o método de irrigação localizado (gotejamento ou microaspersão) (Figura 15), sendo o mais recomendado para a cultura da goiabeira.

Figura 15. Irrigação por gotejamento.

11.3. Desbaste e ensacamento dos frutos

Para a obtenção de frutos grandes e de boa aparência externa, há necessidade de se proceder ao seu desbaste, eliminando-se a maior parte dos frutos que vingaram, de forma que os remanescentes atinjam tamanho comercial. O desbaste deve ser feito o mais precocemente possível e essa operação deve ser realizada quando os frutos tiverem de 2,5 a 3 cm de diâmetro.

O número de frutos deixados por ramo depende da idade e do vigor da planta e do número dos ramos frutíferos que ela apresenta. Em plantas jovens, que apresentam um grande número de ramos frutíferos, costuma-se deixar dois frutos por ramo. Em culturas mais velhas, nos quais o menor o número de ramos frutíferos, são deixados em geral de dois a três frutos por ramo. Em todos os casos é fundamental que o número total de frutos deixados por pé fique entre 400 a 600.

Os frutos remanescentes são protegidos por sacos de papel-manteiga (Figura 16), com as dimensões usuais de 15 cm x

12 cm, que podem ser encontrados em cooperativas ou lojas especializadas

Os sacos são presos no pedúnculo do fruto no ramo que o sustenta com fitilho vegetal ou arame fino.

Figura 16. Frutos de goiabeira ensacados.

Essa operação tem como objetivos: a) controle de duas principais pragas da cultura (moscas-das-frutas e o gorgulho); b) contribui para o melhor aspecto externo do fruto, por manter uma atmosfera controlada, com elevado teor de gases que favorecem a maturação e a coloração da fruta.

12. FITORREGULADORES EM GOIABA

Reguladores vegetais são substâncias naturais ou sintéticas que, em pequenas concentrações, podem alterar qualquer processo fisiológico das plantas, como, por exemplo, a emissão de raízes, elongação de caules, abscisão de folhas e frutas, maturação de frutas etc.

Pesquisas sobre a utilização de substâncias reguladoras do crescimento na agricultura têm sido realizadas em todo o mundo, com as mais variadas finalidades, de modo que cada vez mais se descobrem novos mecanismos de controle hormonal sobre o crescimento e desenvolvimento vegetal.

As principais substâncias utilizadas exercem algum tipo de influência sobre o cultivo pertencem ao grupo das auxinas, giberelinas, citocininas, etileno e o ácido abscísico.

12.1. Auxinas

As auxinas são substâncias químicas relacionadas com o ácido indolacético (AIA), a principal auxina das plantas e a primeira a ser identificada. São produzidas principalmente nos locais de crescimento ativo, como meristemas, gemas axilares e folhas jovens, embora também haja síntese nas folhas adultas. O transporte das auxinas se caracteriza como sendo basal, ou seja, do ápice do caule ou de outro órgão para a base deste, e polar.

Dentre as diversas substâncias que pertencem a este grupo, podemos destacar o ácido indolacético (AIA), o ácido indolbutírico (AIB), o ácido naftalenoacético (ANA) e o ácido 2,4-diclorofenoxiacético (2,4-D).

A inativação das auxinas é feita por enzimas do

tipo oxidases (AIA-oxidase e peroxidases) e por foto-oxidação, causada principalmente pela absorção de luz ultravioleta. A atividade enzimática é influenciada pelas substâncias fenólicas encontradas nas plantas, assim sendo, os monofenóis estimulam a atividade da AIA-oxidase, enquanto os polifenóis inibem a atividade desta enzima. A presença de íons magnésio também influencia na atividade da AIA- oxidase, pois ele atua como cofator em muitos sistemas relacionados com este processo.

As auxinas, quanto sintetizadas pelas plantas ou aplicadas exogenamente, podem provocar uma gama variada de efeitos, como crescimento do caule, folhas, raiz, flor e fruta; iniciação da atividade cambial; dominância apical; epinastia; partenocarpia; determinação do sexo; abscisão foliar.

A aplicação exógena de auxinas tem se mostrado de grande utilidade para a melhoria na produção de inúmeras plantas frutíferas. De um modo geral, a aplicação de auxinas promove efeito benéfico até uma determinada concentração, variável com uma série da fatores, a partir daí, o efeito passa a ser prejudicial.

O AIB, pela sua estabilidade à fotodegradação e por apresentar boa capacidade de promover a formação de primórdios radiculares, tem sido utilizado no enraizamento de estacas de inúmeras espécies, principalmente daquelas que apresentam dificuldades de formar raízes. As concentrações de AIB, bem como a forma e o tempo de aplicação são variáveis em função de diversos fatores. Normalmente, quando são utilizadas soluções concentradas (1.000 a 10.000mg L^{-1}), a aplicação é feita pela imersão rápida (5 segundos) da estaca, sendo que, para a maioria das espécies, os melhores resultados são obtidos nas concentrações de 2.000 a 3.000mg L^{-1}; já quando são utilizadas soluções diluídas (1.000 mg L^{-1}) o tempo de imersão da base da estaca deve ser de 12-24 horas, sendo que os melhores resultados, geralmente, são obtidos nas concentrações entre 200 e 300mg L^{-1}.

O ácido naftalenoacético (ANA) também pode ser utilizado para favorecer o processo de formação de raízes, de modo semelhante ao AIB, porém pode ser utilizado no desbaste de bagas de uvas, devendo-se utilizar concentrações em torno de 5ppm no pré-florescimento ou no florescimento e concentrações de 10 a 20mg L^{-1} na frutificação; no desbaste de tangerinas, quando aplicado em concentrações de 100 a 800mg L^{-1}; na indução da floração em abacaxizeiro, usando-se 25mg L^{-1}; para raleio químico em macieiras, utilizando-se 15 a 20mg L^{-1}; entre outras.

O ácido 2,4-diclorofenoxiacético (2,4-D) é um herbicida seletivo capaz de eliminar as plantas daninhas dicotiledôneas sem afetar as monocotiledôneas. Em concentrações menores, o 2,4-D é utilizado para um grande número de funções, como, por exemplo, na fixação de frutas cítricas, utilizando-se concentrações de 4 a 24 mg L^{-1}, de acordo com as cultivares; retarda o amarelecimento da casca, nas concentrações de 8 a 12mg L^{-1}; aumento nas dimensões das frutas de algumas cítricas; antecipação da época de produção (5 a 10mg L^{-1}, 50mL planta^{-1}) e iniciação floral, nas mesmas concentrações; amadurecimento de bananas, com concentrações de 200 a 1600mg L^{-1}.

12.2. Giberelinas

As giberelinas foram descobertas a partir do fungo *Gibberella fujikuroi* que atacava plantas de arroz, causando um crescimento excessivo e, por consequência, o tombamento das mesmas. Através do isolamento do princípio ativo, presente no extrato do fungo, chegou-se à identificação das giberelinas. Atualmente, mais de 80 tipos diferentes de giberelinas já foram identificadas.

Os órgãos que apresentam maior concentração de giberelinas são sementes em germinação, endosperma, frutas imaturos e ápices de caules e raízes e, por isso, estes órgãos sejam os prováveis locais de síntese deste grupo de reguladores.

O transporte das giberelinas ocorre, das raízes até a parte aérea, via xilema, juntamente com a seiva bruta e; das folhas até as outras partes da planta, via floema, porém ocorrem na maioria dos tecidos da planta.

O principal efeito das giberelinas é o crescimento vegetativo, devido à expansão celular, porém podem também atuar sobre a germinação de sementes; retardar a senescência e abscissão; induzir a partenocarpia (formação de frutas sem o processo normal de fecundação); induzir a floração e atuar na expressão sexual.

Dentre as diversas giberelinas existentes, o ácido giberélico (AG_3) é, sem dúvida, a que tem maior utilização em fruticultura. O AG_3 pode ser aplicado a 6omg L^{-1} na pré-colheita, em citros, para manter a coloração verde da casca das frutas.

12.3. Citocininas

As citocininas formam mo grupo dos reguladores vegetais responsáveis pela divisão e diferenciação celular, além de participar do controle do desenvolvimento e senescência das plantas, na germinação de sementes de algumas espécies, na maturação dos cloroplastos, entre outros.

O nome citocininas foi dado ao grupo de substâncias com ação semelhante à cinetina, um regulador de crescimento oriundo da degradação do DNA em altas temperaturas, capaz de induzir a divisão celular.

A primeira citocinina natural a ser descoberta foi a zeatina, isolada a partir do endosperma de milho e é a citocinina mais abundante nas plantas.

A maioria das citocininas, utilizadas comercialmente, são sintéticas, sendo que as principais são a benziladenina (BA), também chamada de benzilaminopurina (BAP), e a tetrahidropiranilbenziladenina (PBA).

As citocininas são produzidas principalmente no meristema apical das raízes, mas também podem ser sintetizadas nas partes aéreas das plantas, folhas jovens, sementes e frutas em desenvolvimento, embora isto não esteja bem claro.

O transporte pode ocorrer via xilema e floema. A degradação é feita pela enzima citocinina oxidase.

Atualmente, as citocininas têm sido amplamente utilizadas no cultivo "in vitro" de plantas, com o objetivo de multiplicar o material propagativo. Dentre as citocininas mais usadas, a benzilaminopurina (BAP) é a que tem sido utilizada para a maioria das espécies, em concentrações que variam de 1,0 a 8mg L^{-1}, dependendo da espécie e da cultivar utilizada.

12.4. Ácido abscísico

O ácido abscísico (ABA) é um ácido fraco, sintetizado por vegetais superiores, algas e fungos que, na grande maioria dos casos, retarda o crescimento e desenvolvimento das plantas.

As maiores concentrações de ABA têm sido encontradas nas folhas, gemas, frutas e sementes, porém pode ser encontrado em todas as partes das plantas. A concentração de ABA pode ser aumentada em condições de estresse, causado por falta de água, baixas temperaturas, ataque severo de pragas e doenças, entre outros.

O transporte se dá via floema e xilema e a inativação pode ocorrer devido a uma ligação com glicose ou através da oxidação.

As principais respostas fisiológicas do ABA estão relacionadas com o fenômeno da dormência, quer seja de sementes ou de gemas. Também está relacionado com a adaptação ao estresse, controle estomático, abscisão e senescência de folhas, flores e frutas.

Nas Figuras 52 e 53 são apresentadas as relações que ocorrem entre os diferentes fitorreguladores por ocasião da entrada e saída do fenômeno da dormência em plantas frutíferas.

12.5. Etileno

O etileno, também conhecido como "hormônio do amadurecimento", é o único regulador vegetal gasoso, que apresenta atividade biológica em concentrações bastante reduzidas.

Além do controle do amadurecimento das frutas, o etileno provoca alterações de sexo em flores de cucurbitáceas; promoção da floração em abacaxi; dormência de sementes, gemas, esporos, pólen, expansão de órgãos, epinastia, senescência de folhas e flores, abscisão, entre

outros. O etileno é produzido por todas as partes da planta, em quantidades variáveis com o tecido e com o estádio de desenvolvimento. Tais quantidades podem ser aumentadas por ferimentos, durante a senescência e a abscisão de tecidos foliares e florais.

O etileno é sintetizado no vacúolo e a sua movimentação pode se dar por difusão na fase gasosa dos espaços intercelulares dos tecidos ou através do floema e do xilema.

A maturação de frutas pode ser antecipada pela aplicação de baixas concentrações de etileno, que pode ser feita em câmaras semi-herméticas, usando-se produtos que liberam etileno ou tratamentos que induzam a produção pela própria fruta.

As quantidades endógenas e exógenas de etileno são bastante variáveis entre as espécies, sendo que para atingir o máximo de aceleração na resposta respiratória são necessários 10ppm para abacate e apenas 1ppm para banana.

A produção de etileno está bastante relacionada com os outros reguladores vegetais, principalmente as auxinas e o ácido abscísico.

12.6. CONSORCIAÇÃO E CONTROLE DE INVASORAS

A intercalação de culturas em pomares de goiabeiras orientados para a produção de frutas para consumo in natura pode ser adotada. Entre as culturas consorciadas com a goiabeira, destacam-se o feijão e o milho (Figura 17), o tomate para a indústria, a cebola e a melancia.

Convém, entretanto, enfatizar que na produção para o mercado de fruta in natura, a consorciação não é aconselhável, pois a atenção do produtor deve estar voltada para a obtenção da fruta com alto padrão de qualidade. A consorciação deve ser incentivada apenas na fase de formação do pomar, como um meio de amortizar os investimentos ou possibilitar um retorno mais rápido do capital.

Evitar culturas susceptíveis aos nematoides que atacam a goiabeira, notadamente os causadores de galhas, uma vez que esses são fatais para esta cultura e até o momento não existem métodos eficientes de controle.

Em pomares irrigados e formados com mudas obtidas de estacas herbáceas, deve-se tomar cuidado com o manejo das raízes, que costumam ser superficiais. Nessas áreas, a capina é mecânica. Em áreas pequenas, pode ser feita à tração animal.

Nos locais onde a irrigação é feita com mangueiras em bacia de captação, o controle das invasoras pode ser feito por meio do coroamento manual das plantas, à enxada, especialmente durante a fase de formação do pomar.

O controle com herbicidas é recomendável, desde que se faça um cuidadoso levantamento da população de invasoras e a assistência técnica especializada para a definição e emprego dos produtos.

13. PRAGAS

Durante as diferentes fases de seu desenvolvimento, a goiabeira pode sofrer ataques de inúmeras pragas. Entre as mais importantes destacam-se:

13.1 Broca das Mirtáceas - Timocratica albella (ZELLER, 1959)

Conhecida como "broca de goiabeira", esta lagarta de mariposa que mede de 25 a 35 mm de comprimento, destrói ramos e tronco. Com o seu ataque nota-se no tronco e nos ramos aglomerações de excrementos e pedaços de casca ligados entre si por fios de seda (Figura 18).

Figura 18. Ataque da broca em goiabeira.

O controle deve ser efetuado anualmente, raspando-se a superfície do tronco com escovas ou luvas grossas, até expor o inseto. Caso encontrado, deve ser destruído e pode-se fazer um pincelamento no tronco e nas pernadas principais com solução de fungicida cúprico.

13.1. Coleobroca - Trachyderes thoracicus (Oliv. 1790)

As larvas com comprimento em torno de 30 mm se alimentam de uma parte da madeira desintegrada com suas mandíbulas. A outra parte, que é serragem, é expelida pelos orifícios abertos nos tronco e ramos mais grossos.

Para controle da coleobroca (Figura 19) pode ser efetuada uma injeção de inseticida nos orifícios.

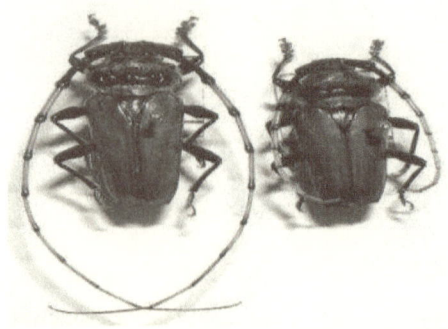

Figura 19. Insetos adultos (Trachyderes thoracicus).

13.2. Besouro da Goiabeira - Besouro Amarelo - Costalimaita ferruginea vulgata (Lefevre, 1885)

O adulto (Figura 20) tem forma quase elíptica, mede 5 a 6,5 mm de comprimento e o apresenta cor creme-amarelada.

O besouro ataca as folhas novas e as relativamente novas da goiabeira, deixando-as cheias de orifícios. Os brotos também podem ser atacados. E em flores há casos que chegam a destruir a superfície dos frutos, deformando-os.

O período de maior ataque acontece nas brotações. O controle pode ser feito por meio de pulverização com inseticidas.

Figura 20. Inseto adulto (C. ferruginea vulgata).

13.2. Psilídeo - Trizoida sp.

São insetos sugadores de seiva cujos adultos medem de 2,0 a 2,4 mm de comprimento. As ninfas sugam a seiva das bordas das folhas, que devido às toxinas que são injetadas, enrolam-se e deformam-se, adquirindo uma coloração amarelada ou avermelhada, tornando-se depois necróticas (Figura 21).

Figura 21. Sintomas do ataque de psilídeos em goiabeira.

Examinando-se o interior das partes enroladas, encontram-se as colônias de psilídeos, recobertos pela secreção cerosa, entre gotículas de substâncias açucaradas e esbranquiçadas. Para controle pode-se utilizar pulverizações com inseticidas químicos ou biológicos.

13.3. Percevejo da Verrugose- Monalonium annulipes (Sign, 1858).

Os danos causados por esse inseto (Figura 22) podem ser grandes, pois, afetam desde botões florais até frutos desenvolvidos, porém antes do início da maturação. Inicialmente observam-se manchas aquosas, irregulares, com cerca de 1 mm de diâmetro, há uma reação do próprio fruto, de modo a cicatrizar estas lesões. Os tecidos da parte central da lesão ficam necrosados e permanecem na superfície do fruto como um ponto, duro, que atinge de 2 a 5 mm de diâmetro, podendo ser destacado manual ou naturalmente.

Figura 22. Percevejos em folhas de goiabeira.

Essas lesões, dependendo da intensidade e da época de surgimento, podem-se desprender do fruto ou permanecer, depreciando e o controle deve ser feito com inseticidas químicos ou biológicos.

13.4. Gorgulho das Goiabas–Conotrachelus psidii (Marshal –1922).

O inseto é um pequeno besouro de aproximadamente 6 mm de comprimento por 4 mm de largura, de coloração parda escura, com peças bucais cilíndricas e alongadas. A larva é branca com a cabeça negra; o corpo enrugado transversalmente mede 12 mm de comprimento por 4 mm na maior largura (Figura 23). Na postura, as fêmeas dos gorgulhos procuram os frutos verdes, cavando com a mandíbula orifícios onde depositam os ovos.

Figura 23. Sintomas do ataque de gorgulho em frutos.

No fruto maduro, a larva do gorgulho não ataca a polpa e só se alimenta de sementes, ocasionando a podridão seca. O controle pode ser efetuado por meio de ensacamento dos frutos ou aplicações de inseticidas e, deve ser iniciado quando os frutos ainda são verdes, do tamanho de uma "azeitona".

12.6. Moscas-das-Frutas □ Anastrepha fraterculus (Wied; 1830) e Ceratitis capitata (Wied; 1824).

-Anastrepha fraterculus: Larva vermiforme, completamente desenvolvida, mede cerca de 12 mm de comprimento.

-Ceratitis capitata: Larva com a região anterior do corpo bastante afilada, medindo quando completamente desenvolvida de 7 a 9 mm de comprimento. Por meio do ovopositor a fêmea perfura os frutos e efetua a postura. As larvas novas passam a viver no interior dos frutos, tornando-o imprestável.

Para controle das moscas das frutas (Figura 24), várias medidas são indicadas, desde a proteção dos frutos por meio de ensacamento, com iscas envenenadas ou em pulverizações em área total com inseticidas químicos ou biologicos.

Figura 24. Mosca-das-frutas.

13.7. Outras Pragas Secundárias

São pragas que normalmente não apresentam danos econômicos à cultura e que têm sido mantidas sob controle por meio do esquema de tratamento fitossanitário para controle das pragas principais; são elas:

- Cochonilhas;

- Lagartas;

- Percevejos;

- Coleópteros;

- Cupins, formigas, abelhas, mosca, etc; e;

- Tripes,

-

14. DOENÇAS

14.1. Ferrugem da goiabeira - Puccina psidii wint

Causada pelo fungo Puccina psidii wint, trata-se de uma infestação fúngica que ataca, indistintamente, todos os tecidos novos dos vários órgãos da planta em desenvolvimento. Produz manchas necróticas, circulares, de diâmetro variável. As manchas se recobrem rapidamente por uma densa massa pulverulenta, de cor amarela viva (Figura 25).

Em geral, o aparecimento da doença é registrado nas condições ambientais de temperatura moderada e alta umidade atmosférica.

Figura 25. Sintomas do ataque da ferrugem em frutos

 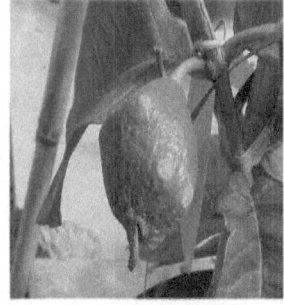

O controle da ferrugem é com manejo de práticas culturais::

- Poda de limpeza - favorece a aeração no interior da copa;

- Controle de ervas daninha;

-Aplicação preventiva ou curativa de fungicidas.

14.2. Verrugose

Ocorre em botões e frutos em desenvolvimento, antes da maturação. Esta doença provoca deformações no fruto que leva à queda. O controle é feito com aplicações de fungicidas cúpricos.

14.3. Antracnose - Sphœlona psidii bit

Causada pelo fungo Sphœlona psidii bit, a antracnose ataca as folhas e os ramos novos, mas pode atingir os frutos em qualquer estádio de desenvolvimento (Figura 26).

Controle da Doença:

1. Podas de limpeza e arejamento;

2. Evitar ensacamento;

3. Eliminar frutos doentes;

4. As pulverizações realizadas para o controle de ferrugem têm efeito para a antracnose e,

5. Tratamentos de pós-colheita – termoterapia

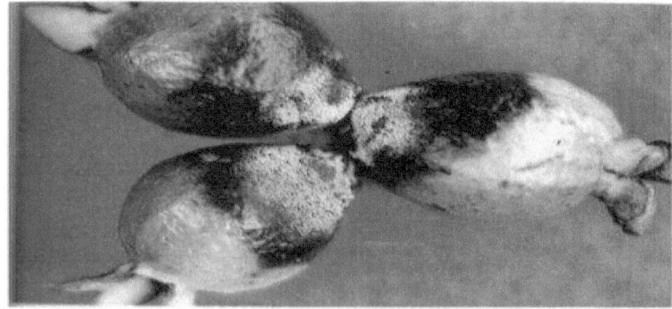

Figura 26. Ataque da antracnose nos frutos.

14.4. Seca Bacteriana ou Bacteriose - Erwiria psidii

Doença causada pela bactéria Erwiria psidii, Ocorre nas extremidades dos ramos provocando o muchamento repentino dos brotos, que adquirem um tom pardo-avermelhado. A doença ocorre com maior gravidade em condições de alta temperatura e umidade.

Aconselha-se que sejam evitadas as operações de poda ou colheita quando os tecidos da planta estiverem umedecidos, seja, por orvalho, por chuva ou irrigação.

Para medida de controle recomenda-se:

- 1. Condução da planta com boa aeração, insolação e penetração da calda fúngica;

- 2. Devem-se evitar podas contínuas numa mesma planta;

- 3. Os ramos eliminados doentes devem ser queimados ou retirados do pomar;

- 4. Proteção dos ferimentos de poda com pasta cúprica;

- 5. Desinfecção das ferramentas para poda com hipoclorito de sódio na diluição 1:3 a cada corte;

- 6. Após a poda, aplicação de calda sulfocálcica na diluição 1:8;

- 7. Pulverização com fungicida cúprico desde o início da brotação até que os frutos atinjam o diâmetro de 3 cm e,

8. Limitar as adubações nitrogenadas à necessidade mínimas para que não provoquem formações excessivas de

órgãos tenros.

O combate às doenças por meio de defensivos agrícolas deve obedecer a um cronograma rigoroso de aplicação. É importante a conscientização dos produtores sobre os riscos à saúde quando utilizados de forma indiscriminada.

Cuidados que deve ser tomados:

1. Somente manipular o produto ao ar livre;

2. Usar equipamento de proteção (máscara, luvas, botas, macacão e chapéu impermeável);

3. Aplicar as doses de acordo com as recomendações técnicas;

4. Evitar as horas mais quentes do dia e aplicar o produto a favor do vento;

5. Crianças e animais devem ser mantidos afastados das áreas de aplicação e,

6. Banhar-se com muita água e sabão imediatamente após o término do serviço.

14.5. Nematoide (Meloidogyne mayaguensis)

Os nematoides do gênero Meloidogyne estão amplamente distribuídos e atacam quase todas as plantas cultivadas, causando perdas consideráveis na produção e afetando também a qualidade dos produtos.

O Meloidogyne mayaguensis pertence à família Heterodeidae e gênero Meloidogyne. Foi assinalado pela primeira vez no Brasil em

Petrolina (PE), Curaçá e Maniçoba (BA), causando danos severos em plantios comerciais de goiabeira.

O nematoide Meloidogyne mayaguensis, também conhecido por "nematoide-das-galhas da goiabeira" causa a morte prematura da goiabeira.

Os principais sintomas do ataque do nematoide são: o brozeamento das bordas das folhas, a coloração verde-pálida a amarelada das folhas; perda de vigor da copa com o desfolhamento e declínio da planta; os frutos perdem sua aparência superficial lisa e brilhante ficando abaixo do padrão comercial (Figura 27).

A infecção também provoca hipertrofia do sistema radicular, denominada galha. Cada galha pode conter uma ou várias fêmeas adultas desse nematoide, e devido à ação de fungos oportunistas essas galhas podem levar ao apodrecimento do sistema radicular

Figura 27. Ataque do nematoide na planta e frutos.

As medidas fitossanitárias necessárias para prevenir a disseminação da doença:

- Na formação de novos pomares:

- A área escolhida deve ficar distante de áreas com histórico da doença;
- Antes do plantio da goiabeira deve-se fazer a análise nematológica do solo e,
- Se o resultado da análise confirmar a presença do nematoide *Meloidogyne mayaguensis* não se deve plantar goiabeiras. Podem ser cultivadas outras espécies de plantas tolerantes ao nematoide, além de construir terraços em nível, para evitar o escorrimento de água para as áreas vizinhas.

- Se o resultado da análise for negativo para o nematoide o produtor deve:

Adquirir mudas somente de viveiros registrados no Ministério da Agricultura e com Certificado Fitossanitário de Origem (CFO);

Evitar usar equipamentos na lavoura de fonte que esteja com áreas infestadas ou que, de alguma forma, receba escoamento de água superficial (enxurrada) de lavouras nessas áreas;

Proibir o trânsito no novo plantio de pessoas e de máquinas provenientes de áreas infestadas e,

Evitar que qualquer material que contenha solo aderido entre no pomar (ex. caixas de colheita).

- Em pomares isentos do nematoide:

Determinar um ponto fixo e distante do pomar para recolhimento das caixas de colheita evitando sempre que estas ou qualquer outro material sujo de solo entrem na propriedade;

Não trazer e não permitir a entrada na propriedade de mudas de outras regiões sem a comprovada certificação fitossanitária de isenção do nematoide e,

Monitorar constantemente a lavoura. O monitoramento consiste no plantio de plantas iscas (ex.: tomateiro) no meio da lavoura e na observação de sintomas característicos (galhas) do parasitismo de Meloidogyne mayaguensis.

- Pomares infestados com o nematoide:

Não utilizar nematicidas;

Determinar os focos dentro do pomar, e nesses pontos "talhões" contaminados, realizar poda, colheita e aplicação de agrotóxicos;

Lavar e deixar secar máquinas e implementos agrícolas logo após utilizá-los em áreas ou talhões contaminados. A lavagem deve retirar todo solo aderido, evitando que a água da lavagem escorra para dentro da lavoura ou da fonte de captação de água;

Limitar ao máximo o trânsito no pomar, principalmente quando o solo estiver molhado;

Quando a goiabeira não for mais de interesse comercial deve ser erradicada, tendo suas raízes secas ao sol ou queimadas na área em que estava plantada e,

Plantar na área infestada outras espécies de plantas tolerantes ao nematoide.

15. COLHEITA

15.1. Raleio dos Frutos

O raleio é realizado com o objetivo de:

- 15.1.1. Aumentar o tamanho das frutas

Este é, sem dúvida, o principal e mais importante dos objetivos do raleio. O aumento do tamanho das frutas está intimamente ligado à relação folha/fruta, ou seja, o aumento do tamanho da fruta é diretamente ligado ao número de folhas.

O número ótimo de folhas/fruta é dependente da eficiência fotossintética das folhas, assim plantas de pequeno porte apresentam folhas mais eficientes do que plantas de porte mais elevado, devido ao fato de que essas folhas estão expostas à luz solar direta por um período de tempo mais prolongado. O aumento do número de folhas/fruta para valores superiores a 50 parece produzir um efeito menor no tamanho e qualidade das frutas.

15.1.2. Evitar a alternância de produção

A produção excessiva de frutas, em um ano, causará um esgotamento de alguns nutrientes minerais e diminuição do teor de glicídios e outras substâncias de reserva, com isso a planta não é capaz de promover uma boa formação de gemas florais e, também, de suportar as frutas no ano seguinte.

As causas da alternância de produção, em

algumas frutíferas, ainda não são bem conhecidas. Alguns autores atribuem a condições climáticas, outros, porém, observaram que o grau de alternância depende do número de frutas produzidas e do tempo de permanência destes na planta após a maturação; outros ao excesso de giberelinas produzidos pela semente e que interferem na diferenciação das gemas floríferas para o próximo período produtivo.

As espécies mais suscetíveis à alternância de produção são as cítricas, especialmente as tangerineiras e laranjeiras; as pereiras; os pessegueiros e as macieiras. Em geral, as cultivares mais precoces e de meia estação são mais suscetíveis do que as cultivares tardias.

15.1.3. Melhorar a coloração e a qualidade das frutas

A melhoria na qualidade das frutas, em plantas submetidas ao raleo ocorre devido ao maior espaçamento entre as frutas, o que elimina o sombreamento de uma fruta por outra, com isso ocorre uma melhor exposição à luz.

Com relação à qualidade, ocorre que, em plantas raleadas, aumenta-se o número de folhas/fruta, com isso ocorre um maior fornecimento de carboidratos, principalmente sacarose, e outros elementos que conferem melhor qualidade, representada, neste caso, pelo sabor, aroma e cor.

15.1.4. Evitar o rompimento de ramos

O excesso de peso, causado por uma produção muito grande de frutas, é causa frequente da quebra dos ramos. Com um excesso de peso, o rompimento dos ramos é agravado pelo vento e pelos operadores que realizam o processo de colheita.

15.1.5. Reduzir o número de frutas com defeitos graves

Na operação do raleio, procura-se eliminar inicialmente as frutas que apresentem defeitos graves, sejam eles devidos a deformações, ataque de pragas e/ou doenças, danos mecânicos, entre outros. Com isso evita-se que a planta dispense energia para sustentar frutos que serão descartados durante a classificação, logo após a colheita.

15.1.6. Melhorar a resistência das plantas

Plantas com produções excessivas tornam-se deficientes em alguns nutrientes, com isso, são mais facilmente atacadas por pragas e doenças, além de que produções excessivas continuadas podem causar até a morte das plantas.

15.1.7. Reduz o custo da colheita

Quanto maior for o número de frutas descartadas após a colheita, geralmente devido a um pequeno tamanho, maior será o custo da operação de colheita, pois estaremos pagando para que os operadores colham frutas que serão descartadas posteriormente.

Além da colheita, o raleio diminui os custos das operações posteriores, como a classificação, uma vez que possibilita maiores rendimentos. O raleio reduz também os gastos com conservação e transporte.

15.2. Época de realização do raleio

De um modo geral, quanto mais cedo for efetuado o raleio maiores serão os benefícios obtidos, assim sendo, os resultados serão melhores se ralearmos flores ao invés de frutas ou botões florais ao invés de flores. Porém, isso é inviável economicamente em grandes pomares, além de que os riscos com perdas posteriores são muito grandes nesse caso.

É importante salientar que, quando o raleio é realizado dentro do período de divisão celular da fruta, ocorre formação de um maior número de células, com conseqüente maior tamanho da fruta, comparado com o raleio realizado após a fase de divisão celular, na qual o tamanho da fruta é dado somente pelo aumento do volume das células. Assim, os efeitos benéficos do raleio serão tanto maiores quanto mais cedo for realizada esta operação.

A época mais adequada para realização do raleio é variável com a espécie, porém pode-se considerar, em torno, de 30 a 40 dias após a plena floração ou quando as frutas tiverem de 1 a 2 cm de diâmetro como a melhor época para realização do raleio, para a maioria das espécies frutíferas. Essa época é assim determinada porque, normalmente, as plantas apresentam uma queda natural de frutas até 30 dias após a plena floração, por isso não é recomendável)

15.3. Intensidade do raleio

Várias são as maneiras utilizadas para determinar qual a quantidade de frutas que deve permanecer em uma determinada planta para que se obtenha uma produção de boa qualidade. Por isso, devemos conhecer alguns aspectos envolvidos na determinação da intensidade do raleio (Fachinello, 2005):

a) Antes de executar o raleio ou determinar a quantidade de frutas que vamos deixar na planta, deve-se lembrar, que ao se intensificar o raleio, melhora-se a qualidade das frutas, a produção total diminui e o valor da colheita aumenta até um certo ponto, decrescendo se o raleio for muito intenso.

b) O raleio deve ser realizado de acordo com o nosso objetivo, ou seja, se desejarmos frutas de maior tamanho, devemos deixar um menor número de frutas na planta, caso contrário, deixaremos uma maior quantidade;

c) O número de frutas a serem deixadas na planta é variável com a espécie, cultivar, idade, vigor, nutrição, estado fitossanitário, entre outros;

d) Qualquer que seja a espécie e o método utilizado, o raleio deve ser mais intenso nas cultivares de maturação mais precoce e ciclo mais curto;

Para as principais culturas de importância econômica, existem métodos mais adequados para se fazer a determinação de que quantidade de frutas deve permanecer na planta.

15.4. Tipos de Raleios

15.4.1. Raleio manual

O raleio manual consiste na eliminação do excesso de frutas da planta manualmente ou através de tesouras apropriadas. O raleio manual é, sem dúvida, o que permite uma melhor quantificação e seleção das frutas que devem permanecer na planta.

Deve ser iniciado pela eliminação de frutas machucadas, atacadas por pragas e/ou doenças, frutas deformadas ou com algum tipo de defeito. Depois retiram-se frutas, até atingir a quantidade desejada, levando-se em consideração a uniformidade do espaçamento; tamanho das frutas, eliminando-se as menores; vigor dos ramos, devendo-se dar preferência aos ramos novos e vigorosos; posição da fruta na planta, deixando-se, sempre que possível, as frutas localizadas na parte de fora e no topo da planta; posição das frutas nos ramos, deixando-se as voltadas para baixo, para que não ocorra rompimento do pedúnculo com o aumento do peso das frutas, principalmente na maturação, bem como pela ação de ventos; entre outros.

O raleio manual é uma operação bastante demorada e onerosa e, devido principalmente ao curto período de tempo em que deve ser realizado, normalmente, é utilizado como um complemento dos métodos físico e químico.

A época mais adequada para a realização do raleio de bagas, utilizando escova plástica, é durante o período de pré-floração.

15.4.2. Raleio mecânico

O raleio mecânico pode ser efetuado através de diversas formas, porém as mais utilizadas são:

a) Jato de água - consiste em aplicar um jato de água com alta pressão, produzido por um pulverizador turbinado, durante a floração ou logo após;

b) Varas - consiste na utilização de varas de borracha rígida ou de madeira revestida, pelo menos em 20 ou 30cm de sua extremidade, com esponja recoberta com tiras de borracha para evitar a ocorrência de danos mecânicos aos ramos. As varas medem, aproximadamente, 1m, dependendo da altura dos ramos a serem raleados, e o raleio é feito mediante o impacto da vara com os ramos.

A melhor época para realizar este tipo de raleio mecânico é quando as frutas ainda estão pequenos e frágeis, para que se desprendam da planta através de poucas e leves batidas.

Através deste método não se pode fazer uma seleção das frutas, sendo que normalmente os maiores são eliminados, porém é utilizado como método preliminar do raleio manual, devido a sua maior rapidez e praticidade.

Outro problema apresentado por este método é que, com a batida da vara no ramo, além da queda de parte das frutas, causa danos às remanescentes, causando queda posterior destas.

c) Máquinas - consiste na utilização de máquinas que, quando acopladas ao tronco ou ramos das plantas, produzem vibrações que causam a queda das frutas. Este método, assim como o anterior, apresenta grandes inconvenientes que são a queda das frutas maiores e de partes menos flexíveis da planta e provoca uma queda posterior das frutas em conseqüência das lesões sofridas durante a vibração da planta.

O raleio mecânico deve ser realizado em 60 a 70% do total de frutas a serem raleadas, o restante do raleio deve ser executado manualmente.

15.4.3. Raleio químico

O raleio químico consiste na aplicação de substâncias que causam queda de flores e/ou de frutas.

As principais vantagens do raleio químico, em relação ao mecânico e manual, são:

a) Redução dos custos, devido à rapidez de execução;

b) Melhor tamanho e qualidade das frutas, pois é realizado mais precocemente do que os outros métodos;

c) Melhor regulação da produção;

d) Reduz as lesões causadas pelo destacamento da fruta, as quais facilitam a entrada de patógenos.

Como principais desvantagens deste método, podemos citar:

a) Maior risco de danos devido a geadas tardias, visto que o raleio químico é realizado durante a floração;

b) Os produtos utilizados podem causar danos à folhagem;

c) Os resultados são variáveis com um grande número de fatores, como, por exemplo, estádio fenológico das plantas, cultivar, natureza do princípio ativo, concentração aplicada, vigor da planta, época e precisão de aplicação, condições climáticas, aditivos, polinização e atividade das abelhas, quantidade de flores e de aplicações, entre outras;

d) Não é seletivo e deve ser complementado com o raleio manual.

- Principais Raleantes Químicos

A partir da década de 70, mais de 100 produtos foram estudados, principalmente nos EUA, com o propósito de utilização em raleio de frutas, porém, na prática, poucos são os que exercem um efeito raleante satisfatório.

De acordo com estudos de Fachinello *et al,* (2005), as principais substâncias utilizadas para o raleio químico são o ácido naftalenoacético (ANA), o ácido naftalenoacetamida (ANAm), o ethephon, o ácido giberélico (AG_3), o carbaryl e a cianamida hidrogenada.

O modo de ação das auxinas sintéticas (ANA e ANAm) não é bem explicado até o presente momento. Alguns autores sugerem que elas causam alteração no transporte de auxinas endógenas das sementes jovens para a base do pedúnculo das frutas, com a redução de auxinas endógenas ocorre diminuição no fornecimento de nutrientes, resultando na abscisão das frutas mais fracas. Outros autores observaram que o ANA causa um aumento no potencial de água nas folhas e que o efeito raleante é provocado pela diminuição no fornecimento de C^{14}-sacarose das folhas para as frutas.

O efeito raleante do ethephon ocorre pela estimulação da síntese de etileno, o que acarreta inibição da síntese ou transporte de auxinas. Com a diminuição nos teores de auxinas na região distal da zona de abscisão, aumenta a sensibilidade do tecido ao etileno e o processo de abscisão ocorre pelo aumento da síntese e secreção da enzima celulase.

O ácido giberélico apresenta ação raleante indireta, pois atua como inibidor do desenvolvimento das gemas após o inchamento da extremidade apical, não apresentando evolução floral posterior, e retardando o processo de diferenciação floral das gemas.

A cianamida hidrogenada tem sido utilizada com freqüência para superar a deficiência de frio na maioria das espécies frutíferas de clima temperado, porém, quando aplicada em concentrações mais elevadas, provoca efeito fitotóxico às gemas florais, principalmente em pessegueiros.

O carbaryl, um inseticida do grupo dos carbamatos, pode melhorar o tamanho das frutas pelo aumento da taxa fotossintética das folhas ou pela eliminação de uma parte das frutas. Sendo que, muitas vezes, o efeito raleante é melhor e mais constante do que o efeito das auxinas sintéticas e do ethephon, principalmente porque, mesmo em altas concentrações,

apresenta baixa solubilidade, o que evita um raleio excessivo.

Como foi mencionado anteriormente, a aplicação de produtos químicos com efeito raleante é variável com alguns fatores, principalmente espécie e cultivar, deste modo, não existem concentrações ótimas de uma determinada substância e sim faixas de concentrações nas quais são obtidos os melhores resultados.

15.5. Ponto de Colheita

O ponto de colheita é aquele em que os frutos estão totalmente desenvolvidos e apresentam coloração verde-ararelada (Figura 28).

A colheita de frutos destinados ao mercado de frutas frescas deve ser extremamente cuidadosa. Os frutos devem ser lavados, selecionados, classificados, embalados e etiquetados.

A colheita de frutos para a industrialização se dá durante

todo o ano, nas principais regiões produtoras do Brasil, concentrando-se entre janeiro e abril. Os frutos são colhidos manualmente quando maduros, e colocados em caixas plásticas com 20 kg/caixa.

Pomares não irrigados, quando bem conduzidos, produzem, em média, a partir do sexto ano, de 20 kg/planta/ano a 60 kg/planta/ano. A produção irrigada está acima de 120 kg/planta/ano.

Figura 28. Frutos apto a colheita.

16.   PÓS-COLHEITA

A goiaba é um fruto tropical não climatérico, com altas taxas de respiração e uma vida útil muito curta após a colheita, o que limita o período de transporte e armazenamento. Esse aspecto dificulta ou até mesmo impossibilita o produtor de enviar seus frutos a centros consumidores mais distantes, devido às perdas irreparáveis que ocorrem em relação à distancia e o manejo no transporte.

A fruta apresenta uma curta vida útil de pós-colheita, de apenas três dias, quando mantida em ambiente com temperaturas variando de 25 a 30 °C. Os fatores que aceleram o amadurecimento são: rápida perda da coloração verde da casca, tornando-a amarela; o amolecimento, ocasionado pela perda da água, causando o murchamento e a aparência do brilho no fruto, tornando um amarelo brilhoso.

As perdas de pós-colheita estão estritamente ligadas às doenças de pós-colheita, colheita em estádio de maturação verde ou avançado e danos no manejo, seja manual ou mecânico.

16.1 PROCEDIMENTOS DE PÓS-COLHEITA.

16.1.1. Tratamentos fitossanitários.

O objetivo dos tratamentos fitossanitários durante o processo de pós-colheita visa diminuir as atividades metabólicas dos frutos, combater os ovos e larvas de moscas-das frutas e controlar as doenças causadas por patógenos (fungos e/ou bactérias).

O tratamento pós-colheita consiste na imersão dos contentores em um tanque com uma calda de defensivos agrícolas, que reduz as deteriorações patológicas dos frutos e aumenta sua vida útil pós-colheita. Os tratamentos a serem aplicados podem ser obrigatórios ou não, dependendo do manejo dado ao fruto no campo e no mercado a que se destina.

Ainda não existe um tratamento quarentenário adequado e eficiente para o controle das moscas-das-frutas em goiabas, por ela ser extremamente sensível a temperaturas elevadas. Temperaturas acima de 41° C por 20 minutos alteram os atributos de qualidades mercadológicas e não são suficientes para eliminar as larvas destas pragas.

Nesse caso, devem ser adotadas medidas preventivas na fase de produção, que envolvem desde proteção do fruto pelo ensacamento até a aplicação de iscas tóxicas ou pulverizações.

Para o controle de doenças pré e pós-colheita, geralmente são aplicados defensivos agrícolas à base de fumigantes. Porém, esse controle está se tornando cada vez mais problemático, devido às características indesejáveis como a fitoxidade e a toxidade ao homem.

As restrições ao uso de defensivos levam a um aumento no interesse em tratamentos fitossanitários alternativos, caso da aplicação de calor (hidrotermia e ar forçado), frio e irradiação.

Na fase pós-colheita, vários fungos têm sido descritos, ocasionando infecções nos frutos. Os fungos mais frequentes nessa fase são os seguintes: Lasioplodia theobromae, Colletotrichum gloeosporioides, Fusarium solani, Pestalotiopsis versicolor, Phomopsis psidii, Guingnardia psidii, P.destructum, Phytophthora nicotianae var. parasitica, P. citricola, Rhizopus arrhizus e R. stolonifer, Penicillium spp. e Alternaria spp.

O apodrecimento dos frutos por causa da infecção causada por esses fungos normalmente está associado à época do ano, à pressão do patógenos, às condições fisiológicas do fruto e à interação desses fatores com temperatura e umidade relativa. Os ferimentos existentes nos frutos propiciam a penetração dos fungos e o surgimento de novas infecções.

A antracnose, causada pelo fungo Colletotrichum gloeosporioides, é considerada a mais grave fitodoença de pós-colheita. O controle dessas fitodoença pode ser obtido nos pomares na fase pré-colheita, por meio de pulverizações preventivas, com defensivos agrícolas; na fase pós-colheita, com a imersão dos frutos em tanques contendo caldas fungicidas junto com espalhante adesivo.

O cálcio pode ser usado tanto na fase de pré-colheita quanto na fase de pós-colheita, visando reduzir a deterioração patológica e ocasionar um aumento significativo na vida útil de pós-colheita.

16.1.2. Secagem

Para a manutenção da qualidade dos frutos é essencial que após serem submetidos aos tratamentos fitossanitários sejam secos com auxílio de equipamentos como ventiladores, túneis de ar frio e até naturalmente ao ar livre.

16.1.3. Tratamentos complementares

Os tratamentos complementares visam aumentar o tempo de prateleira (reduzindo o metabolismo) e melhorar a aparência dos frutos. O uso de atmosfera modificada ao redor do fruto, que pode ser obtida por meio do envolvimento dos frutos em materiais plásticos como polietileno, PVC (policloreto de vinila) ou similar, ou também na aplicação de produtos que formem uma película protetora ao redor dos frutos, por exemplo ceras e filmes plásticos.

A aplicação de ceras de origem vegetal é muito usada na

conservação de goiabas e torna-se eficiente na redução de incidência de doenças. A cera pode ser utilizada com formulações contendo fungicidas ou inibidores da ação do etileno (hormônio responsável pelo amadurecimento dos frutos) como o 1- metilciclopropeno (1-MCP). Observado em estudo, esse inibidor apresentou-se como uma excelente ferramenta para manter a qualidade em fase pós-colheita do fruto, ocasionando redução no amadurecimento e aumentando o tempo de pós-colheita (prateleira).

16.1.4. Uso de reguladores vegetais

O etileno e o ácido abscísico são promotores de amadurecimento de frutos, enquanto as giberelinas, as auxinas, as citocininas, os íons cálcio e o ácido giberélico apresentam-se como inibidores do amadurecimento, ocasionando a redução na taxa de respiração e as mudanças na coloração do fruto.

16.1.5. Embalagens

Os frutos são produtos vivos que respiram, amadurecem e fenecem. As condições ideiais usadas para sua embalagem devem permitir a continuidade de seu processo vital.

Os materiais de embalagem devem proteger os frutos contra injúrias e deve também isolá-los de condições adversas de temperatura, umidade, acúmulo de gases, etc.

As embalagens (Figura 29) deverão ser devidamente identificadas com a natureza do produto, local de origem, variedade, classificação, peso líquido (kg), data de embalagem, peso bruto (kg), exportador ou embalador (nome, endereço ou código autorizado), produtor e destaque ao sistema integrado de produção.

Recomenda-se utilizar embalagens paletizáveis em camada única para não causar danos físicos aos frutos, facilitando o transporte e comercialização.

Figura 29. Embalagem de frutos de goiabeira.

16.1.6. Aplicação de cálcio e ação do etileno.

A forma de estender a vida útil e diminuir a atividade das enzimas envolvidas no amaciamento do fruto consiste em aplicações de sais de cálcio, que vêm sendo realizadas nas fases de pré-colheita, geralmente associadas a outros métodos de conservação, como a refrigeração.

O tratamento com cloreto de cálcio aumenta a conservação pós-colheita, com efeitos na senescência, na respiração e na textura dos frutos, tornando-os mais firmes devido à formação de pectato de cálcio na parede celular e menos acessível a enzimas que ocasionam o amaciamento.

16.1.7. Armazenamento refrigerado.

Preferencialmente os frutos devem ser armazenados em ambiente refrigerado a 8°C, com 85 a 90% de umidade relativa. Nessas condições é possível retardar o amadurecimento dos frutos em até 21 dias. Por outro lado, armazenamentos prolongados com temperaturas abaixo de 8°C, ocasionam injúria pelo frio (chilling) nos frutos.

17. RENDIMENTOS.

Verificando no mercado que o preço médio de comercialização da goiaba é de R$ 0,60/kg/produtor e a produtividade média de 30 t/ha, consegue-se um valor bruto na produção por hectare de R$ 18.000/ha.

Comparando o valor bruto (R$ 18.000,00) menos a despesa total (R$ 11.100,00) consegue-se um lucro líquido na exploração da goiaba na região do Submédio São Francisco de R$ 6. 900,00. Vale salientar que dividindo-se R$ 6.900,00/12 tem-se um ganho de R$ 575,00 (equivalente a 1/2 salário minimo/mês, atualmente de R$ 1.045,00).

18. REFERÊNCIAS BIBLIOGRÁFICAS

BATTE, D. J. G. & PAGE, P. E. **Tropical tree fruits for Australia**. Brisbane, Queensland Departament of Primary Industries, 1984. p. 113-120.

BRASIL. Ministério da Agricultura, do Abastecimento e da Reforma Agrária. **Goiaba para exportação**: aspectos técnicos da produção. Brasília: EMBRAPA-SPI, 1994. 49 p.

COSTA, A. de F. S. da; COSTA, A. N. da. (eds.) **Tecnologia para produção de goiaba.** Vitória, ES: Incaper, 2003. 341 p.

FACHINELLO, J. C.; HOFFMANN, A.; NACHTIGAL, J. C.; KERSTEN, E.; FORTES, G. R. L. **Propagação de plantas frutíferas de clima temperado.** 2. ed. Pelotas: Editora e Gráfica Universitária, 1995. 178 p.

INSTITUTO DE TECNOLOGIA DE ALIMENTOS. **Goiaba:** cultura, matéria-prima, processamento e aspectos econômicos. 2. ed. rev. ampl. Campinas, 1991. 224 p. (ITAL. Série Frutas tropicais, 6).

QUEIRÓZ, M.A.; GOEDERT, C.O.; RAMOS, S.R.R. **Recursos genéticos e melhoramento de plantas para o nordeste brasileiro** (on line). Versão 1.0. Petrolina: Embrapa Semi-Árido/ Brasília: Embrapa Recursos Genéticos e Biotecnologia, 1999. Home page: http:\www.cpatsa.embrapa.br

MANICA, I.; CUMA, I. M.; JUNQUEIRA, N. T. V.; SALVADOR, J. O.; MOREIRA, A.; MALAVOLTA, E. **Fruticultura tropical:** 6. Goiaba. Porto Alegre: Cinco Continentes, 2000. 374 p.

MARTINS, F. W; CAMPELL, C. W. & RUBERTÉ, R. M. **Pereniel edible fruits of the tropics**: an inventory.Washington, US Departament of Agriculture, 1987. 252p (Agriculture Handbook, 642).

MEDINA, J. C. et alli. **Goiaba: cultura, matéria-prima, processamento e aspectos econômicos**. 2ª ed. Campinas, ITAL, 1988. 224p.

MINISTÉRIO DA AGRICULTURA, PECUÁRIA E ABASTECIMENTO. **Produção integrada no Brasil.** Brasília, 2008. 1008p.
NATALE El AL. **Cultura da goiaba □ do plantio a comercialização.** 1ª Ed. Jaboticabal/SP, Fundunesp, SBF. 2009.289p.

NETO, L G; SOARES; J.M. **Goiaba para exportação. Aspecto técnico da Produção**. Brasília Embrapa – SPI, 1996.

PEREIRA, F. M. **Cultura da Goiabeira**. Jaboticabal: FUNEP, 1995.

PEREIRA, F. M. Propagação da goiabeira através de estacas

herbáceas. In: **Informativo SBF**, Jaboticabal, 5:16:17, 1986.

PIZA JR., C.T. **A poda da Goiabeira de mesa**.Jaboticabal: FUNEP, 1995.

SIMÃO, S. **Manual de Fruticultura.**
  Editora Ceres, Piracicaba/SP. 1971. 530 p.

19. AUTOR

Todos os direitos reservados de reprodução não autorizada desta publicação, no todo ou em parte, constitui violação dos direitos autorais (Lei n.o 9.610).

Contato: amiltongguerra@gmail.com.

Hamilton G. Guerra: Engenheiro Agrônomo, Escritor, Pesquisador e Professor de Fruticultura (Doutor em Agronomia) e Consultor "Ad hoc" do CNPq. Foi Presidente do **XXI Congresso Brasileiro de Fruticultura** e atua nas áreas de Fruticultura, Biotecnologia, Produção Vegetal e Diagnósticos e Gestão de Cadeias Produtivas de Fruteiras, com mais de 13 livros escritos.

www.ingramcontent.com/pod-product-compliance
Lightning Source LLC
Chambersburg PA
CBHW030947240526
45463CB00016B/2013